新基建·数据中心系列丛书

数据中心
基础设施运维管理

基础篇

郑学美　郑玥　叶夏◎主编

清華大學出版社
北　京

内 容 简 介

本书以培养合格的数据中心基础设施运维管理人才为目标，围绕与数据中心相关的国家政策及解读、数据中心基础设施的基本组成、数据中心基础设施运维管理人才需求分析、数据中心安全管理及各项规章制度、数据中心相关认证等进行了系统论述。

全书共分 5 章，第 1 章介绍了国内数据中心的发展情况、数据中心定义以及数据中心运维人员严重短缺的严峻形势；第 2 章介绍了数据中心基础设施的组成及功能；第 3 章介绍了数据中心基础设施运维管理所需人才的技能要求及岗位职责；第 4 章介绍了数据中心相关安全管理及各项规章制度，为学习者提供了安全管理方面的模板；第 5 章介绍了数据中心相关认证、认证流程和所需材料。

本书可作为应用型本科、高职、中专院校数据中心基础设施运维管理等相关专业的教学用书，也可作为成人教育以及在职人员的培训教材和自学读物。

图书在版编目（CIP）数据

数据中心基础设施运维管理 : 基础篇 / 郑学美，郑玥，叶夏主编 . —北京：清华大学出版社，2022.9（2024.10 重印）

（新基建 • 数据中心系列丛书）

ISBN 978-7-302-61728-0

Ⅰ . ①数… Ⅱ . ①郑… ②郑… ③叶… Ⅲ . ①云计算－数据处理 Ⅳ . ① TP393.027 ② TP274

中国版本图书馆 CIP 数据核字 (2022) 第 157349 号

责任编辑：杨如林
封面设计：杨玉兰
版式设计：方加青
责任校对：徐俊伟
责任印制：宋　林

出版发行：清华大学出版社
网　　址：https://www.tup.com.cn，https://www.wqxuetang.com
地　　址：北京清华大学学研大厦 A 座　　**邮　　编：**100084
社 总 机：010-83470000　　**邮　　购：**010-62786544
投稿与读者服务：010-62776969，c-service@tup.tsinghua.edu.cn
质 量 反 馈：010-62772015，zhiliang@tup.tsinghua.edu.cn
印 装 者：小森印刷霸州有限公司
经　　销：全国新华书店
开　　本：185mm×260mm　　**印　　张：**12　　**字　　数：**268 千字
版　　次：2022 年 11 月第 1 版　　**印　　次：**2024 年 10月第 4 次印刷
定　　价：49.00 元

产品编号：096120-01

编委会名单

前 言

在大数据、云计算、物联网等迅猛发展的今天，数据中心建设的规模在不断地扩大，使用的新技术层出不穷，数据中心变得越来越复杂，其运维工作更是要求运维人员具备方方面面的知识，这使得运行和维护数据中心基础设施的难度、工作量等逐渐加大。随着数据中心的不断扩充和升级，数据中心安全、稳定地运行等数据中心基础业务越来越受到重视，这些都对数据中心基础设施运行维护的水平提出了更高的要求。

数据中心基础设施运维一方面对技术人才要求越来越高，另一方面市场上掌握相关技能的数据中心的运维人才大量短缺，这就使得与之相关的就业市场空前繁荣。在可预见的未来，基础设施运维人才需求量巨大，而市场可提供的人才远远不能满足需求，相关岗位的薪资增长力度会比较大。我国当前的人才现状与数据中心基础设施运维行业的需求严重不匹配，运维管理人才短缺的问题非常严重，已成为制约行业发展的重要因素。得到满足市场需要的数据中心运维人才的办法只有一个，就是通过教育培养出一大批满足市场需求的运维人才。培养运维人才应主动作为，注重发挥教育和培训优势，重视基础性人才培养。为加快培养出合格的数据中心基础设施运维人才，提高从业人员的整体技能、管理水平，弥补市面上缺少针对性教材的空白，由中国智慧工程研究会大数据教育专业委员会牵头，北京慧芃科技有限公司组织编写了这套“新基建·数据中心系列丛书”。

全书本着“懂方法、重应用”的总体思路，教学内容的编排以数据中心基础设施运维管理岗位需求和当今数据中心实际情况为主线，按职业能力的形成过程整合相关的基础知识和技能要求，突出教学的实用性；按理论与实践相结合的教学模式，突出讲解了数据中心基础设施运维管理所需要掌握的国家有关政策、基本技能和各项规章制度。为遵循认知过程的规律，本书内容深入浅出、循序渐进，充分融入编者多年运维管理经验，提供了各项规章制度模板，创设学习情境，增加教学的直观性，使学生能更容易把握实践操作要领，帮助学生理解并记忆所学的专业知识，体现教学的科学性；落实“做中教、做中学”的教学理念，技能训练内容的设计贴近数据中心基础设施运维管理实际需求，力求在有限的课时内最大限度地提升学生的运维管理技能，为学生终身职业生涯的发展搭建平台，突出创新性。

本书编者从事数据中心基础设施运维管理、培训等工作多年，书中许多内容是对编者多年工作经验的总结，且融合了编者的很多培训案例和资料。书中第 1 章对当前数据中心发展态势的分析参考了科智咨询发布的《2020—2021 年中国 IDC 行业发展研究报告》的部分内容，在此对所参考内容的原编著者表示敬意和感谢！另外，北京交通大学在读博士郑玥同学对书中的插图绘制、内容编辑和校对等工作提供了很多帮助，在此对她表示感谢！

由于时间仓促，编者水平有限，书中难免有错误和不妥之处，希望广大读者批评、指正。

编者

教学建议

章序	学习要点	教学要求	参考课时（不包括实验和机动学时）
1	●国家在新基建领域的政策 ●数据中心概念 ●数据中心发展历史 ●当前数据中心运维人才短缺现状	●了解国家在新基建方面的政策 ●掌握数据中心基础设施概念 ●了解中国当前数据中心发展情况及运维人才短缺的现状	2
2	●数据中心基础设施四大系统的组成 ●四大系统的功能	掌握电气系统、暖通系统、弱电系统及消防系统的组成及各系统的功能	16
3	●数据中心基础设施运维管理人才需求分析 ●运维人才技能要求及岗位职责	●数据中心基础设施运维管理在电气系统、暖通系统、弱电系统及消防系统等方面所需人才的技能要求和岗位职责 ●数据中心基础设施运维管理在电气系统、暖通系统、弱电系统及消防系统等方面人才分级	2
4	数据中心安全管理及各规章制度	●掌握数据中心安全管理知识 ●掌握数据中心各项规章制度	12
5	数据中心相关认证	●掌握数据中心认证的意义及当前几大认证的情况 ●掌握当前数据中心 CQC 认证流程	8
总学时			40

目 录

第 1 章　数据中心概述

1.1　新基建相关政策

1.1.1　政策背景

“新型基础设施建设”（简称“新基建”）这一表述开始于 2018 年 12 月，中央经济工作会议中提出“要发挥投资关键作用，加大制造业技术改造和设备更新，加快 5G 商用步伐，加强人工智能、工业互联网、物联网等新型基础设施建设”。紧接着国务院总理李克强于 2019 年 3 月在《2019 年国务院政府工作报告》中提出要加强新一代信息基础设施建设。2019 年 7 月 30 日，针对 2019 年下半年经济工作的重点，中央政治局会议中再次强调要加快推进信息网络等新型基础设施建设。

2020 年以来，由于在国务院常务会议、中央政治局会议等顶层会议中“新基建”这一关键词常被提及，新基建的概念变得异常火爆。相对而言，“旧基建”比较好理解，指的是修桥铺路盖房子，具体包括铁路、公路、桥梁、水利等工程的建设，旧基建的作用主要为托底经济，保障就业。而由于政府长期未对“新基建”做出准确的定义，社会上对其定义存在着不同看法，广泛得到认可的一个观点来自央媒对新基建的定义，包括 5G 基站、特高压、城际高速铁路和城际轨道交通、新能源汽车充电桩、大数据中心、人工智能和工业互联网七大领域。可以看出，与传统基础设施建设相比，新型基础设施建设更加侧重于突出产业转型升级的新方向，无论是在人工智能还是物联网领域，都体现出加快推进产业高端化发展的大趋势。

1.1.2　政策内容

2020 年 4 月 20 日，中华人民共和国发展和改革委员会（简称“国家发改委”）召开例行新闻发布会。国家发改委创新和高技术发展司司长伍浩对社会各界高度关注的新型基础设施建设范围作了介绍：

新型基础设施是以新发展理念为引领，以技术创新为驱动，以信息网络为基础，面向高质量发展需要，提供数字转型、智能升级、融合创新等服务的基础设施体系。

目前来看，新型基础设施主要包括三方面内容。

一是信息基础设施。主要是指基于新一代信息技术演化生成的基础设施，比如，以5G、物联网、工业互联网、卫星互联网为代表的通信网络基础设施，以人工智能、云计算、区块链等为代表的新技术基础设施，以数据中心、智能计算中心为代表的算力基础设施等。

二是融合基础设施。主要是指深度应用互联网、大数据、人工智能等技术，支撑传统基础设施转型升级，进而形成的融合基础设施，比如，智能交通基础设施、智慧能源基础设施等。

三是创新基础设施。主要是指支撑科学研究、技术开发、产品研制的具有公益属性的基础设施，比如，重大科技基础设施、科教基础设施、产业技术创新基础设施等。

国家发改委表示，下一步将联合相关部门，深化研究、强化统筹、完善制度，重点做好四方面工作。

一是加强顶层设计。研究出台推动新型基础设施发展的有关指导意见。

二是优化政策环境。以提高新型基础设施的长期供给质量和效率为重点，修订完善有利于新兴行业持续健康发展的准入规则。

三是抓好项目建设。加快推动5G网络部署，促进光纤宽带网络的优化升级，加快全国一体化大数据中心建设。稳步推进传统基础设施的“数字+”“智能+”升级。同时，超前部署创新基础设施。

四是做好统筹协调。强化部门协同，通过试点示范、合规指引等方式，加快产业成熟和设施完善。推进政企协同，激发各类主体的投资积极性，推动技术创新、部署建设和融合应用的互促互进。

本次对新基建范围的明确丰富了新基建的内涵，能够有效引导其未来的发展，为资本提供了新的“风口”，在社会资本的加持下，我国的新基建体系建设将进一步迈向成熟。

当然，伴随着技术革命和产业变革，新型基础设施的内涵、外延也不是一成不变的，应对其持续跟踪研究。

1.1.3 政策解读

2021年，我国通信业全面贯彻党的十九大及十九届历次全会精神，深入落实党中央、国务院决策部署，积极推进网络强国和数字中国建设，5G和千兆光网等新型信息基础设施建设覆盖和应用普及全面加速，为打造数字经济新优势、增强经济发展新动能提供有力支撑。截至2021年底，光纤接入（FTTH/O）端口达到9.6亿个，占比由2020年末的93%提升至94.3%；4G移动电话用户为10.69亿户，5G移动电话用户达到3.55亿户，二者占移动电话用户数的86.7%；农村宽带用户总数达1.58亿户，全年净增1581万户，比上年末增长11%；三家基础电信企业发展蜂窝物联网用户13.99亿户，全年净增2.64亿户，其中应用于智慧公共事业、智能制造、智慧交通的终端用户占比分别达 22.4%、18.1%、15.6%。

融合基础设施方面，智慧城市建设路径日益明晰，大数据技术助力城市信息化管理。在打造城际交通智慧城市方面，北京市政府提出要推进京唐城际、轨道交通平谷线建设；河北省政府提出要深化交通互联互通，加快京雄、京唐城际，津石和京泰高速建设，促进京津冀机场群和津冀港口群协同发展；广东省政府提出要在粤港澳大湾区实现城际轨道公交化，构建“一张网、一张票、一串城”的运营模式。在推进大数据中心建设方面，各地方政府积极推进大数据战略布局，促进数字经济发展，北京市、天津市、河北省政府联合推出京津冀大数据综合试验区建设规划；北京市、山西省、贵州省等地政府专门制定了大数据相关发展规划，并出台了促进大数据应用的若干政策。

创新基础设施方面，目前国家发改委开始布局建设 55 个国家重大科技基础设施，未来将对我国科技创新和经济发展起到引领作用。2020 年新型基础设施的年内投资规模约 1.1 万亿元，占 2019 年基建投资总额的 6%。在未来，新基建项目将成为新一轮投资亮点。

1.2　数据中心简介

1.2.1　数据中心的定义

随着大数据时代的到来，数据中心也得到前所未有的发展，那么什么是数据中心？数据中心可以用来做什么呢？

互联网数据中心（Internet Data Conter，IDC）是伴随着互联网不断发展的需求而迅速发展起来的，成为了新世纪中国互联网产业中不可或缺的一环。它为互联网内容提供商（Interenet Content Provider，ICP）、企业、媒体和各类网站提供大规模、高质量、安全可靠的专业化域名注册查询、主机托管（机位、机架、机房出租）、资源出租（如虚拟主机业务、数据存储服务）、系统维护（系统配置、数据备份、故障排除服务）、管理服务（如带宽管理、流量分析、负载均衡、入侵检测、系统漏洞诊断），以及其他支撑、运行服务等。

那么什么是数据中心（data center）呢？数据中心其实就是大型机房，是建设部门利用已有的互联网通信线路、带宽资源，建立标准化的电信专业级机房环境，为企事业单位、政府机构、个人提供服务器托管、租用业务以及相关增值等方面的全方位服务。图 1-1 所示为数据中心的机房实景。

图 1-1　数据中心的机房实景

通过使用中国电信集团有限公司（简称“电信”）、中国联合网络通信集团有限公司（简称“联通”）的服务器托管业务，企业和政府单位无需再建立自己的专门机房、铺设昂贵的通信线路，也无需高薪聘请网络工程师，即可解决使用互联网的许多专业需求。

从某种意义上说，IDC 是由 ISP 的服务器托管机房演变而来的。具体而言，随着互联网的高速发展，网站系统对带宽和管理维护日益增长的高要求对很多企业构成了严峻的挑战。于是，企业开始将与网站托管服务相关的一切事务交给专门提供网络服务的 IDC 去做，以便将精力集中在增强核心竞争力的业务中去。目前 IDC 行业为了解决南北互通问题，研发了电信、网通双线路接入技术，电信、网通双线路自动切换七层全路由 IP 策略技术彻底解决了南北电信、网通互联互通。以前需要两台服务器各放置在电信和网通机房供用户选择访问，现在只需 1 台服务器放置在双线路机房，就可全自动达到电信、网通互联互访问。单 IP 双线路技术彻底解决了南北互通这一关键问题，并且大大降低了投资成本，更加有利于企业的发展。

现在数据中心的发展不仅为企业带来方便，也为人们的生产和生活带来了极大的便利。现在是数据发展的时代，相信在未来数据中心会带给我们更多的效益。

IDC 有两个非常重要的特征：在网络中的位置和总的网络带宽容量。IDC 构成了网络基础资源的一部分，就像骨干网、接入网一样，它提供了一种高端的数据传输的服务，提供高速接入的服务。

数据中心更具体的定义是对电子信息提供集中处理、存储、传输、交换、管理等功能和服务的物理空间。计算机设备、服务器设备、网络设备和存储设备等通常被认为是数据中心的关键 IT 设备。关键 IT 设备安全运行所需要的物理支持，如供配电、暖通、弱电和消防等系统通常被认为是数据中心关键物理基础设施。

1.2.2 数据中心等级划分

1. 国内的数据中心等级划分

中国质量认证中心（China Quality Certification Centre，CQC）是我国国家级认证机构。CQC 认证按照我国《数据中心设计规范》（GB 50174—2017）规定，数据中心可根据使用性质、管理要求及其在经济和社会中的重要性级别划分为 A、B、C 三级。

A 级为容错型，在系统运行期间，其场地、设备不应因操作失误、设备故障、外电源中断、维护和检修而导致电子信息系统运行中断。A 级是最高级别，主要是指涉及国计民生的机房设计。其电子信息系统运行中断将造成重大的经济损失或公共场所秩序严重混乱。比如国家气象台，国家级信息中心、计算中心，重要的军事指挥部门，大中城市的机场、广播电台、电视台、应急指挥中心，银行总行等的机房属于 A 级。

B 级为冗余型，在系统运行期间，其场地、设备在冗余能力范围内，不应因设备故障而导致电子信息系统运行中断。B 级是电子信息系统运行中断将造成一定的社会秩序混乱和一定的经济损失的机房。科研院所，高等院校，三级医院，大中城市的气象台、信息中心、疾病预防与控制中心、电力调度中心、交通（铁路、公路、水运）指挥调度中心，国际会议中心，国际体育比赛场馆，省部级以上政府办公楼等的机房属于 B 级。

C 级为基本型，在场地设备正常运行情况下，应保证电子信息系统运行不中断。A 级和 B 级范围之外的电子信息系统机房都属于 C 级。

2. 国际主流的数据中心等级划分

美国 Uptime Institute 是著名的数据中心标准组织和第三方认证机构，Uptime Tier 等级认证包含三个部分：设计认证（Tier Certification of Design Documents）、建造认证（Tier Certification of Constructed Facility）和运营认证（Tier Certification of Operational Sustainability）。

根据 Uptime Tier 标准，数据中心基础设施分为四个等级。不同的等级，数据中心内的设施要求也不同，级别越高要求越严格。

Tier Ⅰ数据中心：基本型，这类数据中心使用单一路由，没有冗余设计。

Tier Ⅱ数据中心：组件冗余，使用单一路由，增加组件的冗余。

Tier Ⅲ数据中心：在线维护，拥有多路路由，设备是单路，Tier Ⅲ机房应可以方便地升级为 Tier Ⅳ机房。

Tier Ⅳ数据中心：容错系统，拥有多路有源路由，增强容错能力。

在四个不同等级的定义中，包含了对建筑结构、电气、接地、防火保护及电信基础设施安全性等的不同要求。

通过对数据中心的可用性及冗余数量的比较，我们在 CQC 标准与 Uptime Tier 标准中所描述的不同等级的数据中心之间建立了一个可参考的对应关系，如表 1-1 所示。

表 1-1 CQC 等级与 Uptime Tier 等级数据中心分级对应表

CQC 等级	Uptime Tier 等级	性能要求	系统配置
A 级	Tier Ⅳ	场地设施按容错系统配置，在系统运行期间，场地设施不应因操作失误、设备故障、外电源中断、维护和检修而导致电子信息系统运行中断	2*N*、2（*N*+1） 双系统同时运行
	Tier Ⅲ	场地基础设施同时可维修，具有能够进行任何有计划的场地基础设施活动，而又不应使计算机硬件系统运行中断的能力。有计划的活动包括预防性和程序性的维修、修理和替换零部件、添加或调整部件的容量、部件和系统的测试	（*N*+1）+1 “双系统”一用一备
B 级	Tier Ⅱ	场地设施按冗余系统配置，在系统运行期间，场地设施在冗余范围内，不因设备故障而导致电子信息系统运行中断	*N*+*X* 单系统冗余配置
C 级	Tier Ⅰ	场地设施按基本需求配置，在场地设施正常运行情况下，应保证电子信息系统运行不中断	*N*+*X* 单系统没有冗余

3. 数据中心的其他等级划分标准

1）欧盟 EN 50600 系列标准

至 2017 年，欧盟的欧洲电工标准化委员会制定发布了 EN 50600 系列标准，包含四部分，共 10 册标准文本。EN 50600 系列标准规定了可用性、物理安全性和能效实施的三个等级，并给出了数据中心运营、流程和管理的要求和建议。

2）德国标准

德国的 TÜV TS1 认证，将数据中心分为 L1 ～ L4 四个等级，L4 最高。

3）日本 JDCC FS-001 标准

JDCC FS-001 标准以 TIA-942 等作为参考，将数据中心分为四个等级，同时根据日本的实际情况进行了补充、修改，融入了日本特有的要素，包括地震风险与评估、商业电力的可靠性、高效率和可靠性产品。

1.2.3 数据中心发展历程

1. 国外数据中心发展历程

1946 年，世界上第一台电子计算机在美国诞生。

1990 年之前，数据中心建设以政府和科研应用为主，较少有商业化应用，数据中心规模较大，数量较少。早期数据中心如图 1-2 所示。

1991—2000 年，互联网公司涌现，商业数据中心初现端倪，数据中心建设规模不大，但数量逐渐增加。

2001—2011 年，来自政府、互联网、金融交易的数据量激增，政府及商业数据中心建设开始高速发展。

2012年至今，随着数据中心技术及应用的增加，全球数据中心建设进入了云化新阶段，IDC建设不断整合升级，大型化、专业化及绿色IDC成为主要特征。

图1-2 早期数据中心

2. 国内数据中心发展历程

1958年，中国第一台通用电子计算机诞生。

1990年以前，我国处于信息化建设初期，数据中心大部分是自建自用，规模小、数量少、等级低。数据中心主要实现数据存储和管理及简单计算功能，稳定工作时间在几十小时到几天。

1991—2000年，互联网发展，大批门户网站开始兴建，电信运营商开始大力建设互联网数据中心，机房规模逐步增大，等级有所提高，数量明显增加。数据中心基础设施开始逐步完善，稳定工作时间为几十天。

2001—2010年，国家银行和部分规模较大的商业银行都实现了数据的大集中，数据中心开始呈现大型化、高级化特征，政府电子政务改革也推动了数据中心发展。数据中心设计更加合理，系统稳定工作时间更长，注重扩展性，关注管理。

2011年至今，随着云计算、物联网等新技术的发展，数据中心开始进入整合、升级、云化的新阶段。数据中心整合升级加速，地方政府开始大力发展云计算、大数据产业，数据中心进入新一轮投资高峰期。

2020年，国家提出要加快5G网络、数据中心等新型基础设施建设进度。

3. 数据中心基础设施发展趋势

1）模块化数据中心

中小型数据中心的建设遵循简单、易用、可靠、运维可控四大理念，而模块化数据中心在这四个方面较传统数据中心有着无可比拟的优势，具体如下。

- 模块化数据中心一体化建设速度快，对部署环境的要求低。
- 模块化产品可以提前在工厂进行预集成、预调试，并且具备弱电管理的功能。

模块化数据中心如图1-3所示。

图 1-3 模块化数据中心

大型数据中心IT设备功率密度越来越高，模块化数据中心采取行级近端制冷方式，制冷的效率会大大提升，以适应高功率密度的发展趋势。

2）云数据中心

云计算的应用与深化推动了数据中心建设与运营管理、服务模式的变革。云数据中心的特点如下。

- 数据流量激增、共享基础设施、提升资源利用率、驱动数据中心规模化。
- 云计算的引入，使数据中心实现灵活扩展、动态调配、集中管控。
- 云数据中心建设为当地制造新的经济增长点，推动产业调整、转型、升级。
- 数据中心能耗增加，需要更加高效、节能的制冷系统。

3）绿色环保

随着信息化快速发展，全球数据中心建设步伐明显加快，耗电量占全球总耗电量的比例达到1.1%～1.5%。

风能、太阳能等清洁能源在数据中心领域应用将越来越多。

《上海市推进新一代信息基础设施建设助力提升城市能级和核心竞争力三年行动计划（2018—2020年）》中指出：新建数据中心综合能源效率指标（PUE①）不超过1.3。

工业和信息化部《关于进一步加强通信业节能减排工作的指导意见》中指出：优化机房的冷热气流布局，采用精确送风、热源快速冷却等措施。

节能降耗不是什么新鲜事，但未来的趋势是将这些措施、手段做得更加全面、高效，以及形成相应的规范，有据可依。

4）弱电管理

效率低下的数据中心会导致高昂的成本，数据中心基础设施管理（Data Center Infrastructure Management，DCIM）至关重要，其主要作用包括：

- 实现IT设备、场地设施、IT流程的统一管理监控。
- 支持能源管理、资产管理等。
- 支持实时信息、仿真模拟和远程监控等各种技术。

---

① 能源使用效率（power usage effectiveness，PUE）。

智能终端、虚拟现实（virtual reality，VR）、人工智能、可穿戴设备、物联网等也推动了数据中心的弱电管理。图 1-4 所示为弱电管理界面。

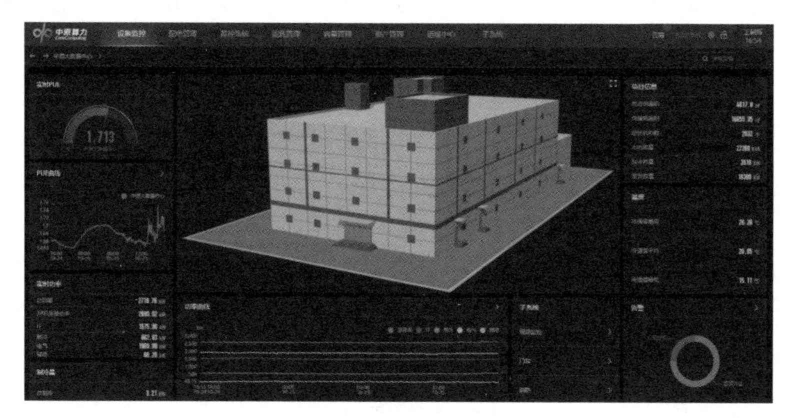

图 1-4 弱电管理界面

1.2.4 数据中心发展态势

2021 年 4 月，IDC 行业权威研究机构科智咨询正式发布《2020—2021 年中国 IDC 行业发展研究报告》（以下简称“IDC 报告”）。报告显示，受新基建政策和国家数字化转型发展战略利好带动，2020 年中国 IDC 行业快速发展，IDC 业务市场总体规模达到 2238.7 亿元，同比增长 43.3%。

报告站在行业整体高度上，深入研究了全球行业大背景下中国 IDC 市场的现状，并对新基建和数字化转型战略下的中国 IDC 行业做出了深入解读和市场分析。图 1-5 所示为 2015—2020 年中国 IDC 业务市场总规模。

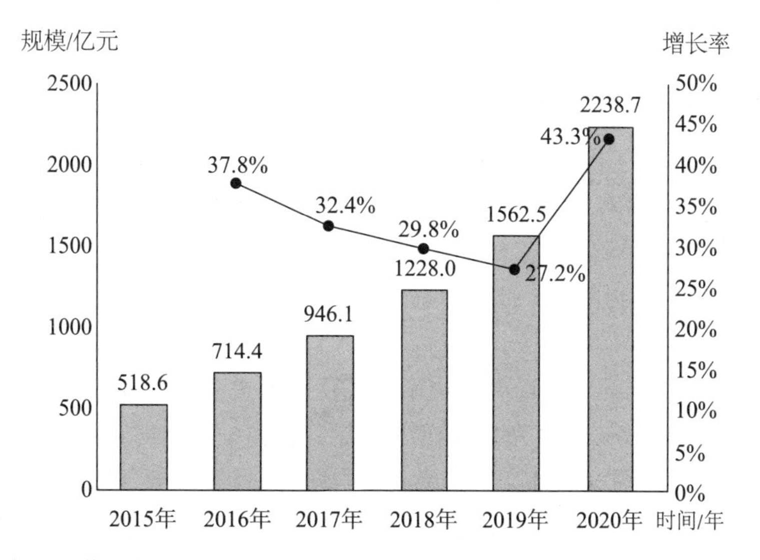

图 1-5 数据中心市场规模增长趋势（数据来源：科智咨询，2021 年 4 月）

注：IDC 业务市场规模统计口径包括传统 IDC 业务及公有云（laaS+PaaS）业务

1. 互联网需求暴增，传统行业转进数据中心领域加速

2020 年中国 IDC 市场虽然在一定程度上受到了疫情的冲击，但新基建政策的推出，为数据中心产业提供了强大的发展动力，推动了众多新增项目落地建设，总体上，2020 年中国数据中心产业保持了快速的发展势头。从需求端来看，包括公有云在内的互联网行业需求是拉动 IDC 业务保持持续快速增长的核心驱动力；疫情期间，数据流量大幅增加，推动传统行业数字化转型，以及 5G、AI、工业互联网等新一代信息技术的试点应用落地，产业互联网需求逐步进入爆发期。

站在整体 IDC 业务市场的基础上，IDC 报告对中国传统 IDC 业务市场进行了细分和调查。相对于整体市场，传统 IDC 市场聚焦 IDC 机架、端口、机房专线和增值服务等数据中心基础业务。经统计，2020 年中国传统 IDC 业务市场规模接近 1000 亿元。

报告还对未来中国 IDC 行业进行了市场规模预测和供需趋势研判，这些结论对 IDC 全产业未来战略规划及市场决策具有重要参考价值：

（1）2020 年中国整体 IDC 业务市场规模为 2238.7 亿元，同比增长 43.3%，增速为 5 年来最高。

（2）新基建政策利好数据中心产业发展。

（3）核心城市及周边区域形成产业集群，二、三线城市迎来发展机遇。

（4）传统 IDC 企业加速扩张，跨界企业进入，数据中心市场竞争加剧。

（5）消费互联网企业仍是目前主要的需求方，产业互联网需求将在未来逐步释放。

（6）国家推出房地产信托投资基金（REITs）试点政策，资产证券化有利于产业吸纳更多投资基金。

（7）未来，中国 IDC 业务市场规模仍将保持快速增长。

2. 第三方数据中心迎来机遇期

之所以说第三方数据中心迎来了机遇期，首先是因为以网络视频、电子商务、网络游戏为代表的互联网行业仍在快速发展，而这些企业占据了中国 IDC 业务主要的市场份额，随着信息化转型加快，以金融、制造等为代表的传统行业的市场份额将逐年扩大。

报告指出，在互联网行业中，得益于短视频领域的驱动，网络视频行业产生了大量数据存储与交互需求，带动其市场份额增长达到 20.3%；互联网连接速度逐渐提高，推动了终端用户线上购物需求，催生数据处理需求，拉升电子商务行业市场份额，达到 18.4%。

在传统行业中，金融、制造业加快了信息化部署进程，拉升了 IDC 需求，扩大了市场份额，分别达到 5.6% 和 2.5%。近年来，银行机构、手机制造厂商等企业为满足手机应用程序开发及运行需求，加大数据中心采购规模。随着工业互联网、物联网的发展，部分制造企业连接互联网实现精准生产，催生大量数据处理需求，推动 IDC 需求规模增长。上述这些现象为第三方数据中心的发展提供了需求保障。

其次，除了需求暴增以外，第三方数据中心还有一个得天独厚的优势，作为一种重

资产，数据中心不仅要消耗巨量水电，还要有土地资源。这些硬性门槛将很多资本拒之门外，也是导致近些年来大批巨额收购案发生的原因之一。

数据中心具有新型基础设施建设和商业地产双重属性。作为一种早期 IT 基础设施的进步，其标志着 IT 应用的规范化。在营利模式方面，建设数据中心需要面积较大的不动产物业，土地、建筑物的升值、租赁回报也是一个巨大的收入来源，在这方面与商业地产相近。不仅如此，从长远来看，虽然数据中心的能耗令所在城市很紧张，但也会带动周边的产业升级，比如与之相匹配的供电、IT 设备和巨量互联网带宽建设等。这也是新基建的重要指向之一。

在 5G、物联网、区块链等技术不断进步的大背景下，对数据中心的需求还将暴增，这是共识。随之而来的是终端多样化程度进一步提升，数据存储及传输需求有望大幅增长。据相关调查显示，2016 年全球数据总量仅为 12ZB，但到 2025 年预计将增长到 163ZB。数据总量激增同样将带动数据中心数据存储量成倍增加。在此预期下，公有云厂商及大型 IDC 企业纷纷跑马圈地，加大了对数据中心基础设施的投资。

由于一线城市当前土地和电力资源已到开发极限，所以在未来将形成诸多环一线城市数据中心产业带。比如对北京而言，随着 2019 年严控政策的推出，拥有土地和能源优势的河北省张北县、廊坊市、怀来县和内蒙古自治区都将成为北京计算力需求外溢的承接者。除北京之外，随着长三角经济一体化趋势加速，势必会带动上海周边地区数据中心产业的发展。江苏省知名的中立数据中心很多都集中在苏南地区。但南京作为中国互联网八大节点之一，中立数据中心却寥寥可数，其规模和数量远远落后其经济发展，市场潜力巨大。这些也为第三方数据中心的扩充提供了条件。

总之，用户需求的持续暴增为 IDC 行业提供了“天时”；而兼具新基建概念和商业地产的双重身份则是“地利”；再加上 5G、物联网等技术发力普及这样的“人和”，第三方数据中心未来数年都将在中国 IDC 发展中占据举足轻重的地位。

第 2 章　数据中心基础设施

从运维管理方来看，支撑整个数据中心 IT 系统运行的基础设施，包括电气系统、暖通空调系统、弱电系统、消防系统等。数据中心基础设施组成如图 2-1 所示。

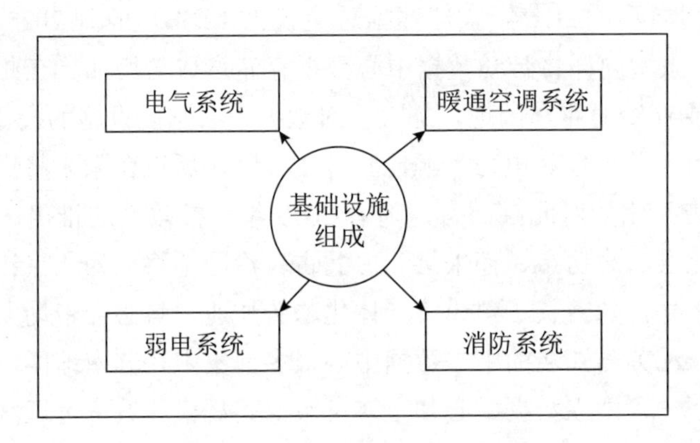

图 2-1　数据中心基础设施组成

2.1　电气系统

数据中心电气系统就是将外电源进行合理传输并分配到末端配电柜（箱），为数据中心提供最基础的动力来源、能源配送和可靠性保障。一般采用两路以上市电供电，建立不间断供电系统; 数据中心采用 UPS 为 IT、精密空调等重要设备供电; 对于外部设备、冷泵、照明、辅助性设备等，由市电直接供电，同时设置柴油发电机组作为备用电源，对于容量大的数据中心，采用 10kV 柴油发电机组作为备用电源，而容量小的数据中心采用 0.4 kV 柴油发电机组作为备用电源。

数据中心电气系统由高压系统、柴油发电机（简称“柴发”）备用电源系统、变压器、低压系统、UPS 系统、末端配电系统等组成。

2.1.1 高压系统

1. 高压系统的概念

数据中心的高压系统是指从外电源的分界小室到变压器之间的线路和高压设备，并且配置有保护、计量、分配与一体的室内综合系统。一般情况下，数据中心高压就是指10kV。

2. 高压断路器在不同工况下状态

1）正常情况

正常情况：两路市电分列供电。1# 市电进线和 2# 市电进线断路器闭合，馈线断路器闭合，母联断路器断开，母联隔离开关正常状态闭合（常闭），1# 柴发电源进线和 2# 柴发电源进线断路器断开，如图 2-2 所示。

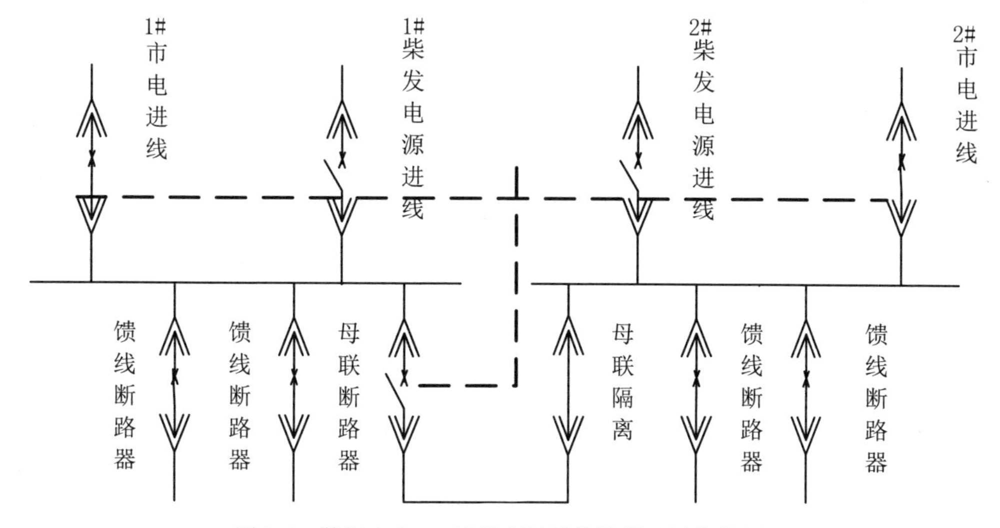

图 2-2 数据中心 2N 系统高压系统简图（正常状态）

2）单路失电情况

单路市电失电情景：比如 1# 市电失电，由 2# 市电带全站负载。1# 市电进线断路器断开和 2# 市电进线断路器闭合，馈线断路器闭合和母联断路器闭合，母联隔离开关闭合（常闭），1# 柴发电源进线和 2# 柴发电源进线断路器断开，如图 2-3 所示。

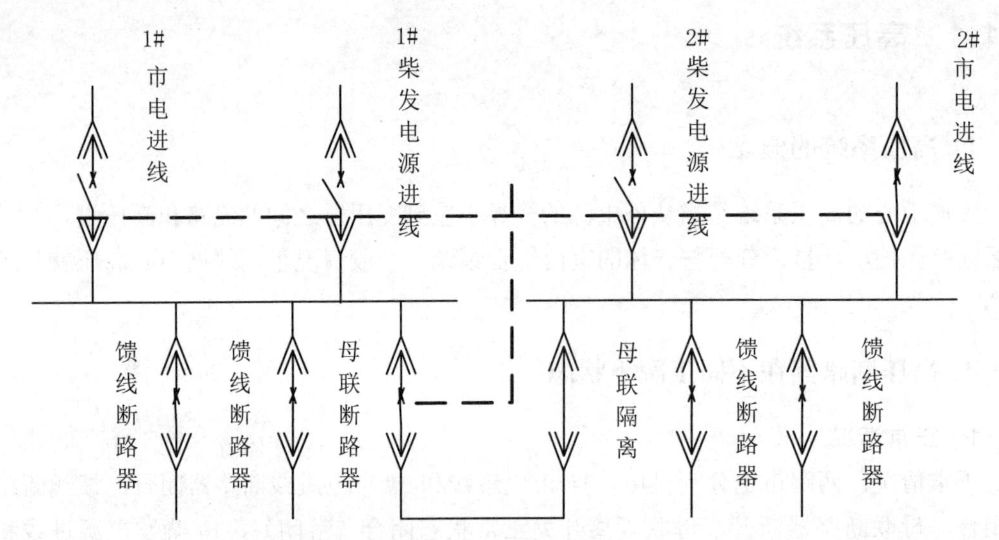

图 2-3 数据中心 2*N* 系统高压系统简图（1# 市电失电）

3）两路市电同时失电情况

两路市电同时失电情景：由柴发电源带全站负载。1# 市电进线断路器断开，2# 市电进线断路器断开，馈线断路器闭合，母联断路器断开，母联隔离开关闭合（常闭），1# 柴发电源进线和 2# 柴发电源进线断路器闭合，如图 2-4 所示。

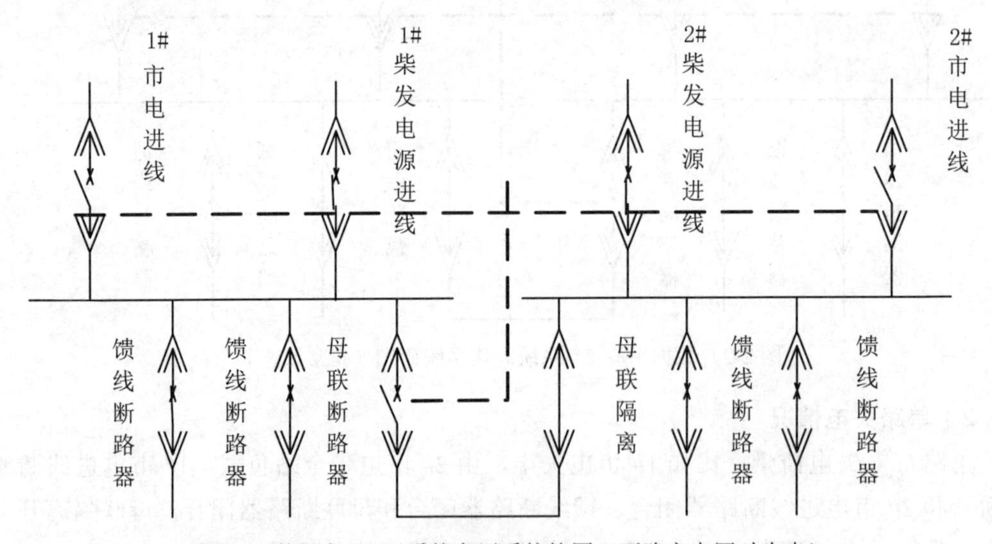

图 2-4 数据中心 2*N* 系统高压系统简图（两路市电同时失电）

3. 高压供配电系统控制逻辑

在数据中心电气系统中，为保障高压系统正常运行或者在出现市电失电的情况下，柴发备用电源能够正常投入运行，市电进线、柴发电源进线和母联断路器这 5 台断路器之间有严格的逻辑控制关系，其控制逻辑见表 2-1 所示。

市电进线、柴发电源进线和母联断路器等 5 台断路器的闭合和分断是通过综保装置和 PLC 来实现。可编程逻辑控制器（Programmable Logic Controller，PLC），它采用可以编制程序的存储器，用来在其内部存储执行逻辑运算、顺序运算、计时、计数和算术运算等操作的指令，并能通过数字式或模拟式的输入和输出，控制各种类型的机械或生产过程。

综保就是综合保护装置，是一种接于高压系统中，对高压系统中出线的不正常情况（比如电路短路、断路、缺相等）起到保护作用的装置。

表 2-1　高压供配电逻辑控制表

序号	场景	1# 市电进线断路器	1# 柴发电源进线断路器	10kV 母联断路器	2# 柴发电源进线断路器	2# 市电进线断路器	完成的设备
1	1# 市电电源正常、2# 市电电源正常	C	O	O	O	C	综保装置完成
2	1# 市电电源失电、2# 市电电源正常	O	O	C	O	C	
3	1# 市电电源正常、2# 市电电源失电	C	O	C	O	O	
4	两路市电电源失电、1# 柴发电源、2# 柴发电源正常	O	C	O	C	O	PLC 完成

注：C 为闭合状态，O 为断开状态。

4. 高压系统组成

高压系统由高压进线柜、高压计量柜、PT 柜、柴发电源进线柜、馈线柜、母联柜、母联隔离柜及直流屏等组成。数据中心 2*N* 系统高压配电柜布局，如图 2-5 所示。

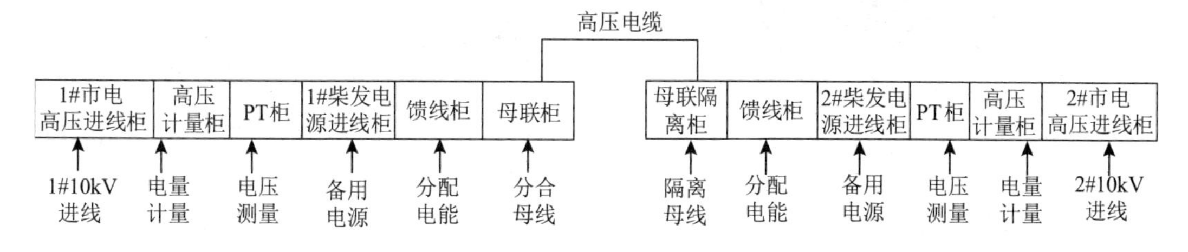

图 2-5　数据中心 2*N* 系统高压配电柜布局图

1）市电进线柜

市电进线柜由高压进线电缆和高压进线柜组成。

（1）高压进线电缆。高压进线电缆是指将供电公司的外电源引入用户侧，供用户按需使用的高压电缆，10kV 外电源进线实物如图 2-6 所示。

图 2-6　10kV 外电源进线电缆

（2）高压进线柜。高压进线柜是从外部引进电源的开关柜。数据中心机房一般是从供电网络引入 10kV 电源，10kV 电源经过开关柜将电能送到 10kV 母线上，这个开关柜就是进线柜，如图 2-7 所示。

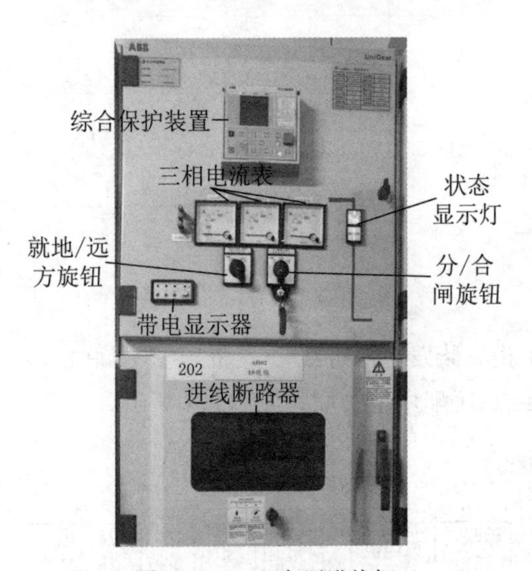

图 2-7　10kV 高压进线柜

高压进线柜主要由高压真空断路器、微机综合保护装置、3 组三线圈电流互感器、避雷器、带电显示器、电压互感器、导线等元器件组成。

高压进线柜的作用就是引入并分配电能，进线柜一般配高压真空断路器作为分合之用，真空断路器具备短路、防过流等保护功能，另外进线柜还配备电流互感器和电压互感器以计量电流电压值。因此进线柜具备了保护、计量、监控等更多综合功能。

电源进线端的保护包括：备自投装置，即备用电源自动投入装置；防雷保护装置；过电压、欠电压保护；涌流保护：当断路器带负荷合闸时，主干线产生一个远大于断路器工作电流的涌流，造成断路器带负荷不能可靠合闸。涌流保护装置即防止合闸瞬间涌流引起的误跳闸，保证断路器带负荷可靠跳闸。

此外，进线柜还有其他保护，包括：速断保护，过流保护；零序保护，接地保护；重合闸装置。

2）高压计量柜

高压计量柜负责外电源电量的计量，其主要组成包括：电流互感器、熔断器、VV 接线的电压互感器、带电显示器。

高压计量柜是电能计量装置的一种，采用高供高计的方式，通过电流互感器、电压互感器、电能表等计量装置，反映用电情况和负载的用电量。安装在用户处的计量装置，由用户负责保护封印完好，装置本身不受损坏或丢失。图 2-8 所示为 10kV 高压计量柜。

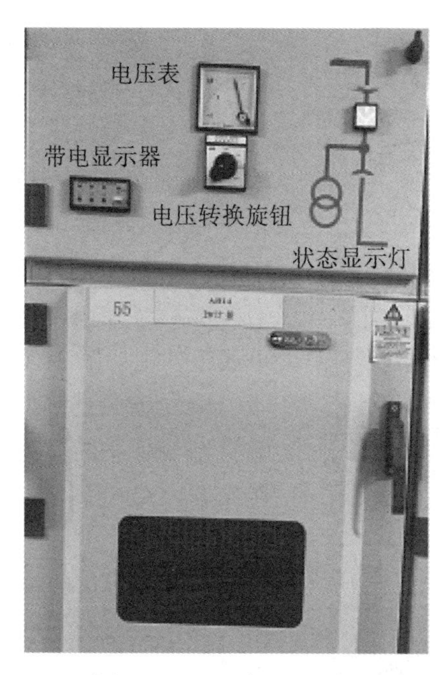

图 2-8 10kV 高压计量柜

3）PT 柜

PT 柜主要负责电压测量，如图 2-9 所示。PT 柜的组成包括：电压互感器、隔离刀、熔断器、避雷器等。

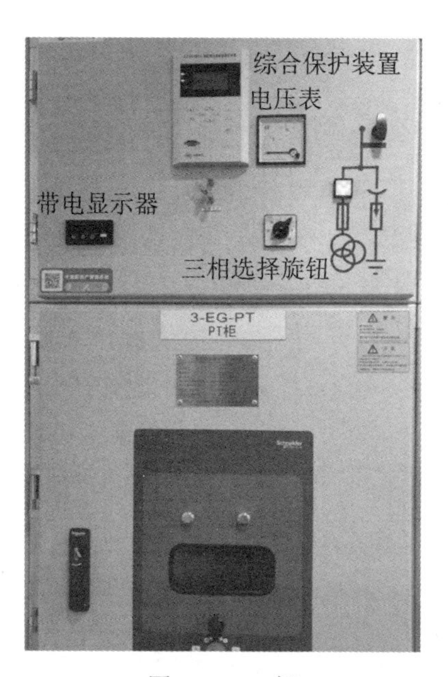

图 2-9 PT 柜

PT 柜的主要作用包括：电压测量，提供测量表计的电压回路；可提供二次回路操作电源；每段母线过电压保护器的装设；继电保护的需要，如母线绝缘、过电压、欠电压、备自投动作条件；接线方式：V/V 接线、d0 接线、YN/yn 接线。

4）柴发电源进线柜

柴发电源进线柜是数据中心备用电源的开关柜，大容量数据中心机房一般是采用若干台10kV柴油发电机并机作为备用电源，只有在两路市电都中断时才能启动备用柴油发电机组，同时进线断路器分断，母联断路器保持分断状态，然后柴发电源进线断路器闭合。柴发电源进线柜外观如图2-10所示。

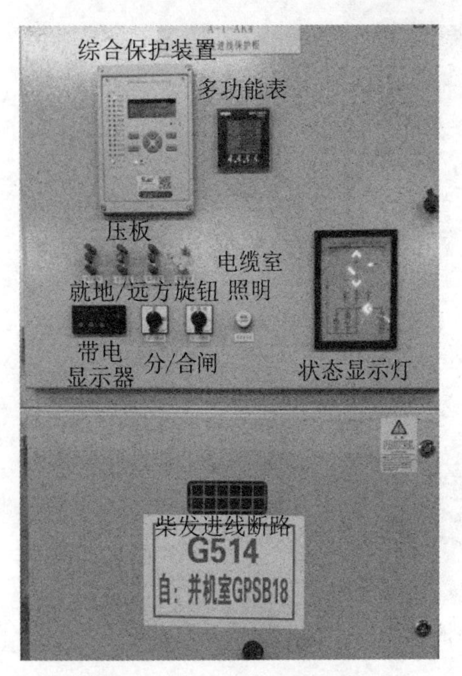

图2-10　柴发电源进线柜

柴发电源进线柜主要由高压真空断路器、微机综合保护装置、三组三线圈电流互感器、避雷器、带电显示器、电压互感器、导线等元器件组成。

柴发电源进线柜的作用就是引入备用电源，当两路市电都停电，柴油发电机组启动，给数据中心提供备用电源。同时柴发电源进线柜具备了保护、计量、监控等功能。

5）馈线柜（出线柜）

馈线柜也叫出线柜。馈线柜将母线电能分配送至电力变压器，这个开关柜就是10kV的出线柜之一。

出线柜组成包括：三组三线圈电流互感器、隔离开关、断路器、刀闸、带电显示装置等。

馈线柜主要起分配电能的作用，将主电源分配到各个用电支路开关上去，对各支路过流、过载提供保护和接通、断开支路电源的作用。馈线柜正面如图2-11所示。

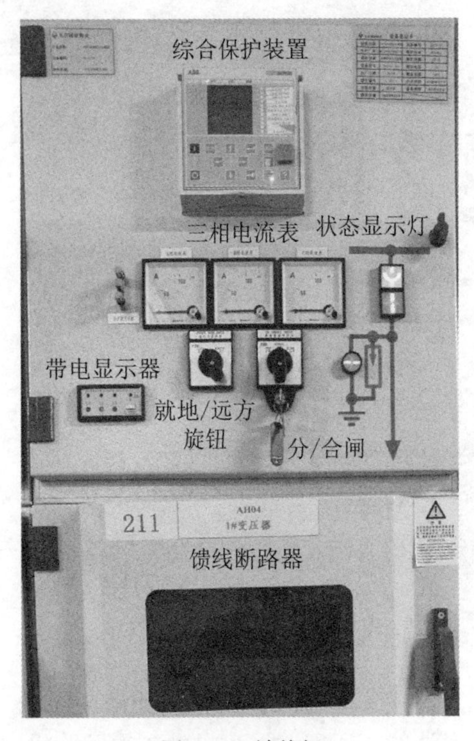

图2-11　馈线柜

6）母联柜（联络柜）

母联柜也叫联络柜，柜内主要安装母联断路器，是用来连接两段母线的设备，在单母线分段、双母线系统中常要用到母线联络柜，以满足用户选择不同运行方式的要求或保证故障情况下有选择地切除负荷。

母联柜由断路器、电流互感器、带电显示等装置组成，如图2-12所示。

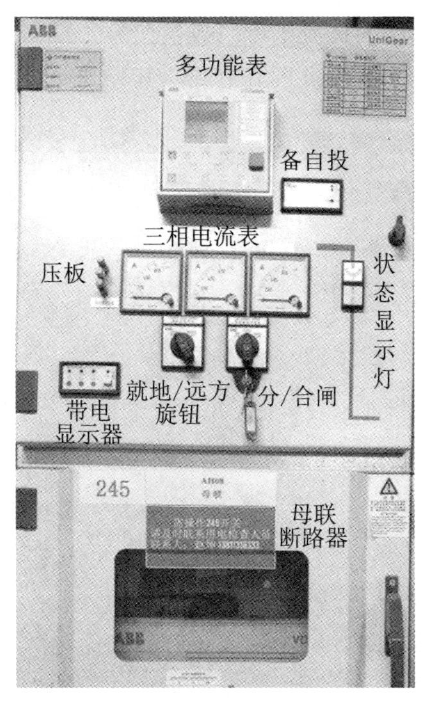

图 2-12　母联柜

母联柜一般起联络母线的作用，当两路电源同时送电的时候，母联断路器则从中间断开（两路不同的电源，通常不能重合），当其中某一段电源因事故而停电或断电的时候，母联柜内断路器通过备自投系统自动闭合，停电侧负载也由非停电侧进线断路器承担，以保障用户用电；而当原来停电的那一端恢复通电时候，先将母联断路器手动断开，仍处于原来的备用状态，再将恢复通电侧进线断路器手动闭合。

7）母联隔离柜

母联隔离柜是用在母联柜之前，防止误连接和隔离检修使用。母联隔离柜里面有隔离开关和负荷开关，这样便于母联柜在以后进行检修和试验时可以断开隔离柜，使操作更加安全（一段检修，另一段运行）。

母联隔离柜由断路器或隔离开关、接地开关、电流互感器、电压互感器、避雷器和带电显示装置组成，如图 2-13 所示。

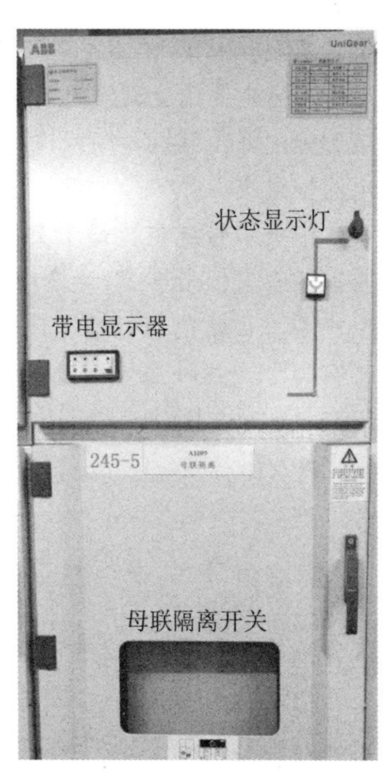

图 2-13　母联隔离柜

母联隔离柜是用来隔离两端母线或者是隔离受电设备与供电设备，它可以给运行人员提供一个可见的端点，以方便检修和维护作业。

8）直流屏

在数据中心中，直流屏为高压设备提供操作电源，另外还可以为高压开关柜顶部的直流小母线提供信号、控制、报警等回路的直流电源，以及为一些继电保护和自动装置提供直流电源，其外观如图 2-14 所示。

图 2-14　直流屏

直流屏由电池屏、直流屏和中央信号屏等组成。

电池屏一般安装 18 个 100Ah 12V 蓄电池。当交流失电或故障时，蓄电池给合闸母线和控制母线供电。

直流屏由交流配电部分、整流部分、直流馈电部分、监控部分组成。直流屏的交流配电部分主要由交流配电单元组成；整流部分由充电模块和隔离二极管组成；直流馈电部分由降压硅链、绝缘检测、合闸分路和控制分路组成；监控部分由监控模块和配电监控组成。

中央信号屏主要是中央信号装置，包括事故信号和预告信号，其装在变电所主控室的中央信号屏上。当变电所任一配电装置断路器由于事故跳闸时，启动事故信号；当出现不正常的运行情况或电源故障时，启动预告信号。事故信号和预告信号都有音响和灯光两种信号装置，音响信号可以唤起值班人员的注意，灯光信号有助于值班人员判断故障性质和部位。为了从音响上区分事故，事故信号用蜂鸣器，预告信号用电铃发出音响。

系统交流输入正常时，两路交流输入经交流切换控制电路选择其中一路输入，并通过交流配电单元给各个充电模块供电。充电模块将三相交流电转换为 220V 或 110V 的直流，经隔离二极管隔离后并联输出，一方面给电池充电，另一方面通过合闸分路和控制分路给负载提供正常的直流电源。

交流输入停电或异常时，充电模块停止工作，由电池通过合闸分路和控制分路给负载供电。交流输入恢复正常以后，充电模块对电池充电。直流屏原理图如图 2-15 所示。

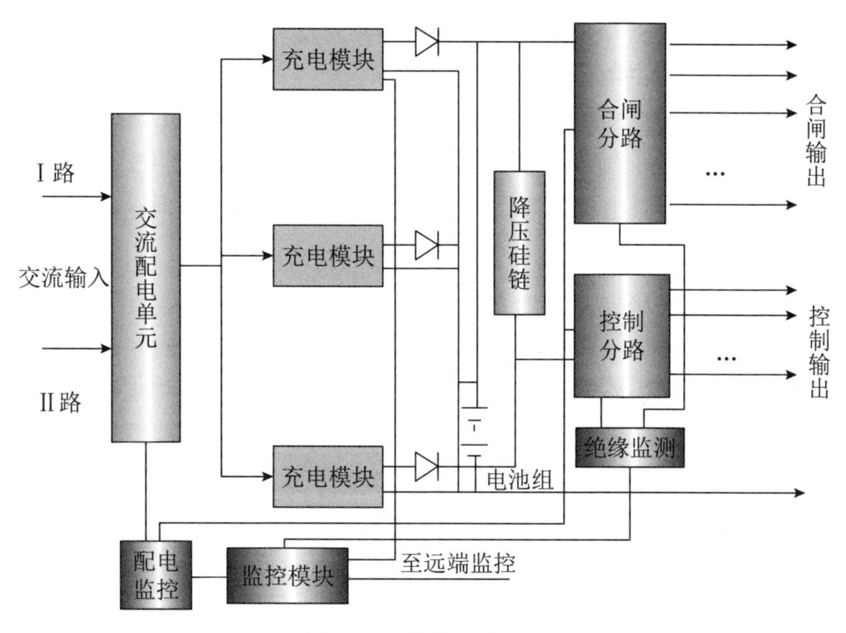

图 2-15　直流屏原理图

5. 高压系统各个元器件的作用

高压系统有 5 个主要元器件，它们分别是高压断路器、隔离开关、电压互感器和电流互感器、避雷器、带电显示器。

（1）高压断路器：当回路发生短路或过电流故障时能迅速切断电源，防止故障扩大，同时也可以作为一般开关使用，实现电能的分配和控制，采用电动操作。

（2）隔离开关：用于隔离电源，将高压检修设备与带电设备断开，使其有一明显可看见的断开点。

（3）电压互感器和电流互感器：将高电压或大电流按比例变换成标准低电压（100V）或标准小电流（5A 或 1A，均指额定值），以便实现测量仪表、保护设备及自动控制设备的标准化、小型化。同时互感器还可用来隔开高电压系统，以保证人身和设备安全。

（4）避雷器：通过并联放电间隙或非线性电阻的作用，对入侵流动波进行削幅，降低被保护设备的过电压值。

（5）带电显示器：每台高压柜上都安装一个带电显示器。当柜体有电时，带电显示器闪烁；无电时，则无闪烁。

6. 高压开关柜联锁及五防功能

高压开关柜的“联锁”是保证电力网络安全运行，确保设备和人身安全，防止误操作的重要措施。GB/T 3906—2020《3.6 kV ～ 40.5 kV 交流金属封闭开关设备和控制设备》对此作了明确规定。一般把“联锁”描述为：防止误分、误合断路器；防止带负荷分、合隔离开关；防止带电挂（合）接地线（接地开关）；防止带电接地线（接地开关）合闸；防止误入带电间隔。上述五项防止电气误操作的内容，简称“五防”。

（1）高压开关柜隔离开关闭合，断路器小车在闭合位置后，此时不能分、合隔离开关，即防止带负荷分、合隔离开关。

（2）高压开关柜接地刀到位后，小车断路器无法进入工作位置关闭开关，即防止带电挂（合）接地线（接地开关）。

（3）高压开关柜断路器闭合时，用接地刀和柜门机械锁住柜门前后，即防止误入带电间隔。

（4）高压开关柜断路器工作时闭合，接地刀不能闭合，即防止带接地线（开关）合闸。

（5）高压开关柜中的断路器在闭合时不能离开小车断路器的工作位置，即防止误分、误合断路器。

2.1.2 柴油发电机组

1. 柴油发电机组组成

柴油发电机是指以柴油为燃料，以柴油机为原动机带动发电机发电的动力机械。整套机组一般由柴油机、发电机、控制箱、燃油箱、起动和控制用蓄电瓶、保护装置、输出柜等部件组成。

2. 柴油发电机的工作原理

柴油发电机的工作原理是柴油发电机驱动发电机运转，就可以利用柴油发电机的旋转带动发电机的转子，利用电磁感应原理，发电机输出感应电动势，经闭合的负载回路产生电流。

3. 柴油发电机组用途

柴油发电机组的主要用途有2种：日常使用供电和应急电源。

（1）日常使用供电：尽管柴油发电机组的功率较低，但由于其体积小、灵活、轻便、配套齐全，便于操作和维护，所以广泛应用于矿山、铁路、野外工地、道路交通维护以及工厂、企业、医院等部门。

（2）应急电源：柴油发电机组用于数据中心，在电网故障时用作备用电源。在数据中心中通常使用高压10kV柴油发电机组或低压0.4kV柴油发电机组。相同容量的高压、低压柴油发电机组，在外观上差别不大，只是输出电压等级有差别，一个是输出电压10kV，一个是输出电压0.4 kV。

4. 10kV柴油发电机组

输出电压为10kV的柴油发电机组为高压10kV柴油发电机组。一般容量较大的数据中心使用多台10kV柴油发电机组成并机系统，通过并机系统馈线柜给数据中心提供备用电源。单台 10kV 柴油发电机组其外观如图 2-16 所示。

图 2-16 高压 10kV 柴油发电机

5. 0. 4kV 柴油发电机组

输出电压为 0.4kV 的柴油发电机组为低压 0.4 kV 柴油发电机组，一般容量较小的数据中心使用单台 0.4kV 柴油发电机组，其外观如图 2-17 所示。

图 2-17 低压 0.4kV 柴油发电机

2.1.3 变压器

1. 变压器概念

变压器（Transformer）是利用电磁感应的原理来改变交流电压的装置，主要构件是初级线圈、次级线圈和铁心（磁心）。

2. 变压器的用途和分类

变压器有电压变换、电流变换、阻抗变换、隔离、稳压（磁饱和变压器）等用途。变压器按用途可以分为电力变压器和特殊变压器：电炉变压器、整流变压器、工频试验变压器、调压器、矿用变压器、音频变压器、中频变压器、高频变压器、冲击变压器、仪用变压器、电子变压器、电抗器、互感器等。

3. 变压器工作原理

变压器主要应用电磁感应原理来工作。当变压器一次侧施加交流电压 U_1，流过一次绕组的电流为 I_1，则该电流在铁心中会产生交变磁通，使一次绕组和二次绕组发生电磁联系，根据电磁感应原理，交变磁通穿过这两个绕组就会感应出电动势，其大小与绕组匝数以及主磁通的最大值成正比，绕组匝数多的一侧电压高，绕组匝数少的一侧电压低，当变压器二次侧开路，即变压器空载时，一、二次端电压与一、二次绕组匝数成正比，一、二次绕组电流与一、二次绕组匝数成反比，即 $U_1/U_2=N_1/N_2$，$I_1/I_2=N_2/N_1$，初级与次级频率保持一致，从而实现电压和电流的变化。

4. 变压器分类

变压器主要有以下几种分类方式。

按冷却方式分类可分为：干式（自冷）变压器、油浸（自冷）变压器、氟化物（蒸发冷却）变压器。

按防潮方式分类可分为：开放式变压器、灌封式变压器、密封式变压器。

按铁心或线圈结构分类可分为：心式变压器（如插片铁心、C 型铁心、铁氧体铁心）、壳式变压器（如插片铁心、C 型铁心、铁氧体铁心）、环型变压器、金属箔变压器。

按电源相数分类可分为：单相变压器、三相变压器、多相变压器。

按用途分类可分为：电源变压器、调压变压器、音频变压器、中频变压器、高频变压器、脉冲变压器。

大型数据中心都采用干式变压器，因为变压器通常都安装在负荷中心，即直接安装在数据中心机房楼内。油浸式变压器存在渗漏、燃烧、爆炸等风险，数据中心一般不会采用。国内主流干式变压器的型号是 SCB10 型。SCB10 是指环氧树脂干式变压器，S 为三相，C 为环氧树脂浇注式干式变压器，B 是变压器线圈为铜箔材料绕制，10 是指干式变压器的损耗标准要求的等级，一般有 7 ～ 13 型，其中的数字越大，变压器的空载损耗和负载损耗值越低。在数据中心主要使用 SCB13 型变压器，与 SCB10 相比主要是更节能，其他参数基本相当。数据中心干式变压器实物如图 2-18 所示。

图 2-18　数据中心干式变压器

2.1.4　低压系统

1. 低压系统概念及作用

低压配电系统是指额定频率是交流 50Hz，额定电压 380V 的配电系统，由低压配电柜和低压电力电缆等组成。低压配电柜和低压电缆的作用是为数据中心输电、配电及电能转换。2*N* 系统低压柜物理布局如图 2-19 所示。

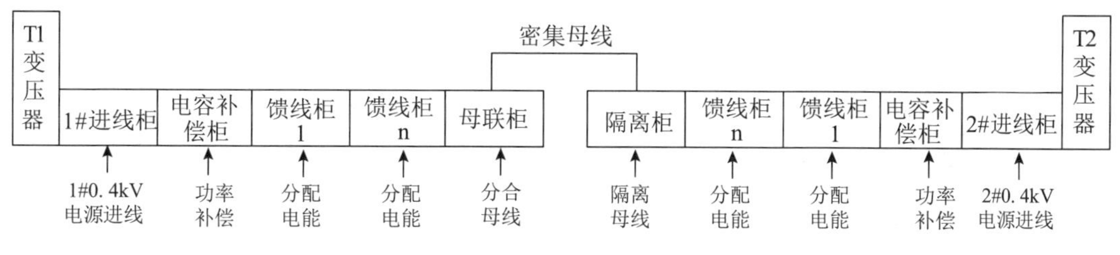

图 2-19　2*N* 系统低压柜布局图

图 2-20 为 2*N* 系统低压系统简图，图中画出两路低压主进线断路器、母联断路器、母联隔离开关及馈线断路器，以及它们之间的逻辑关系。

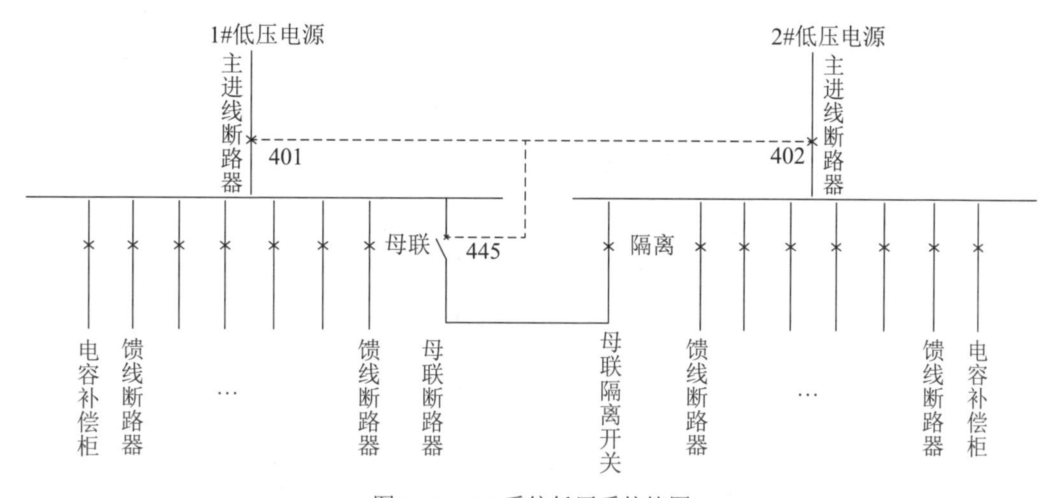

图 2-20　2*N* 系统低压系统简图

2. 低压柜主要组成

低压柜主要由低压主进线柜、低压馈线柜、低压母联柜、低压隔离柜、电容补偿柜等组成。

1）低压主进线柜

低压主进线柜内安装主进线断路器，主进线柜是低压电源（变压器低压侧）引入配电装置的总开关柜；变压器输出至第一个断路器就是主进线断路器，该断路器是一段低压母线电源的进线断路器。

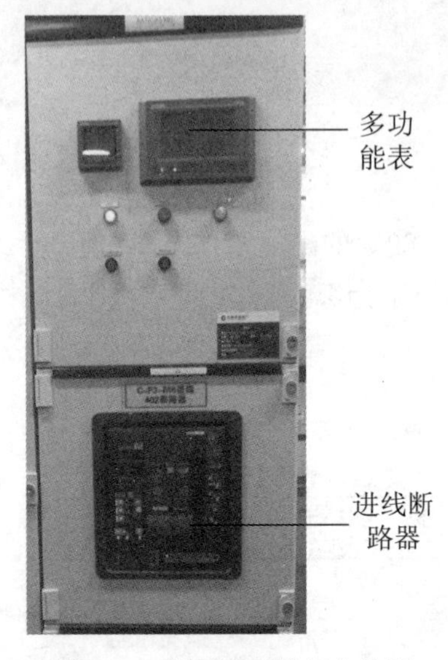

图 2-21　低压主进线柜实物图

主进线断路器一般选择框架断路器，其所有零件都装在一个绝缘的金属框架内，常为开启式，可装设多种附件，更换触头和部件较为方便，多用在电源端总开关。过电流脱扣器有电磁式，电子式和智能式脱扣器等几种。断路器具有长延时、短延时、瞬时及接地故障四段保护，每种保护整定值均根据其壳架等级在一定范围内调整。

主进线断路器容量选择要与变压器相匹配，比如 2000kVA 的变压器，主进线断路器选择 4000A，1600kVA 的变压器，主进线断路器选择 3200A。对于数据中心中 2*N* 电源系统，两路低压主进线断路器编号一般编为 401、402，其参数选择完全一样。低压主进线柜实物图如图 2-21 所示。

2）低压馈线柜

低压馈线柜就是低压出线柜，负责将总电源电能分配输出。根据负载大小，馈线柜可选择安装框架断路器或塑壳断路器，电流在 400A 以上时选择安装框架断路器，电流在 100 ～ 400A 选择安装塑壳断路器。框架式断路器和塑壳断路器低压馈线柜实物图如图 2-22 所示。

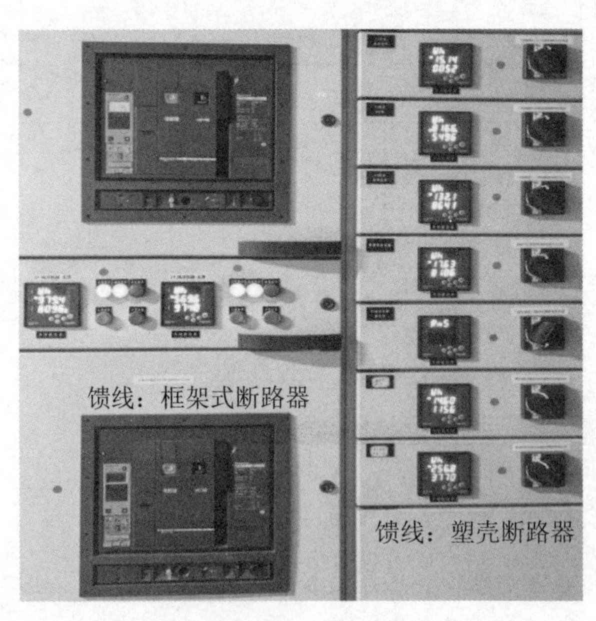

图 2-22　框架式断路器和塑壳断路器低压馈线柜实物图

塑壳断路器也被称为装置式断路器，其接地线端子外触头、灭弧室、脱扣器和操作机构等都装在一个塑料外壳内。辅助触点，欠电压脱扣器以及分励脱扣器等多采用模块化，结构非常紧凑，一般不考虑维修。塑壳断路器通常含有热磁跳脱单元，而大型号的塑壳断路器会配备固态跳脱传感器。塑壳断路器过电流脱扣器有电磁式和电子式两种，一般电磁式塑壳断路器为非选择性断路器，仅有长延时及瞬时两种保护方式；电子式塑壳断路器有长延时、短延时、瞬时和接地故障四种保护功能。

3）低压母联柜

低压母联柜内安装一台断路器，叫母联断路器。母联就是母线与母线间的联络，低压母联柜的作用是用来连接两段母线。为保障数据中心 IT 服务器等重要负载的供电可靠性，需提供 A、B 两路电源为其供电，其 A、B 路电源需引自两台变压器，电源引至不同母线段，要求当一台变压器发生故障时，另一台变压器不应同时受到损坏，即一台变压器中断供电时，另一台变压器能承担全部一级负荷中特别重要的负荷。母联断路器一般选择框架式断路器。低压母联柜实物图如图 2-23 所示。

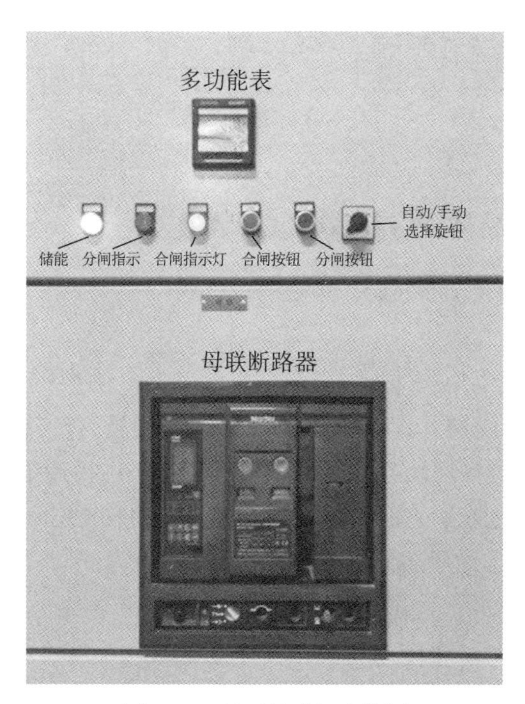

图 2-23 低压母联柜实物图

4）低压隔离柜

低压隔离柜是用来隔离两段不同电源的低压母线用的，它可以给运行人员提供一个可见的端点，以方便检修和维护作业。隔离柜内可以安装断路器，也可以安装隔离开关。断路器可以带负载分合闸，而隔离开关不允许，因为它没有灭弧功能。母联隔离柜实物图如图 2-24 所示。

图 2-24 母联隔离柜实物图

3. 低压配电系统控制逻辑

参照图 2-20 所示，当 1# 市电电源、2# 市电电源正常时母联断路器从中间断开，当其中的任意一路电源因事故而停电或断电的时候，母联柜内断路器通过备自投系统自动闭合，停电侧负载也由非停电侧进线断路器承担，以保障用户用电；而当原来停电的那一端恢复通电时候，先将母联断路器手动断开，仍处于原来的备用状态，再将恢复通电侧主进线断路器手动闭合。低压供配电逻辑控制如表 2-2 所示。

表 2-2 低压供配电逻辑控制表

<table>
<tr><th>序号</th><th>场景</th><th>1# 低压进线断路器</th><th>0.4kV 母联断路器</th><th>2# 低压进线断路器</th><th>完成的设备</th></tr>
<tr><td>1</td><td>1# 市电电源正常、2# 市电电源正常</td><td>C</td><td>O</td><td>C</td><td rowspan="3">备自投完成</td></tr>
<tr><td>2</td><td>1# 市电电源失电、2# 市电电源正常</td><td>O</td><td>C</td><td>C</td></tr>
<tr><td>3</td><td>1# 市电电源正常、2# 市电电源失电</td><td>C</td><td>C</td><td>O</td></tr>
</table>

注：C 为闭合状态，O 为断开状态。

4. 低压配电柜产品种类与基本电气参数

低压配电柜主要分 GCS、GCK、MNS 等类型。

1）GCS 柜

GCS 柜的主构架：主架构采用 8MF 型开口型钢，槽型钢高 20mm 宽 100mm，且侧面有直径为 9.2mm 的安装孔；装置的各功能室相互隔离，其隔室分为功能单元室、母线室、电缆室。各室的作用相互独立；水平主母线采用柜后平置式排列方式，以增强母线抗电动力的能力；电缆隔室的设计使电缆上下进出均十分方便。

GCS 柜的功能单元：抽屉层高的模数为 160mm，单元回路额定电流 400A 及以下。

2）GCK 柜（MCC）

GCS 柜的主架构：柜体基本结构是组合装配式结构；螺栓紧固连接，20mm 为模数安装孔装置的个功能室相互隔离；GCK 柜的基本特点就是母线在柜体上部，其隔室分为功能单元室（柜前）、母线室（柜顶部）、电缆室（柜后）；也可靠墙安装，此时，柜体右边加宽 200mm 作为电缆室，此时和 MNS 柜的顶部母线样式差不多。

GCS 柜的功能单元：抽屉层高的模数为 200mm。

3）MNS 柜（MCC）

MNS 柜的主架构：柜体基本结构是由 C 型型材装配组成。C 型型材是以 E=25mm 为模数安装孔的钢板弯制而成；抽出式 MCC 柜内分为三个隔室，其隔室分为功能单元室（柜前左边）、母线室（柜后部）、电缆室（柜前右边）。由于水平母线隔室在后面，所以又可做成双面柜。

为了减少开关柜排列宽带而设计的后出线，开关柜的主母线水平安装在开关柜的顶部，柜的后半部为电缆室，此时，此时和 GCK 柜的母线样式差不多。

4）基本电气参数

低压柜的基本电气参数：

额定工作电压为 380V、660V；

使用频率为 50Hz；

额定电流中的水平母线系统为 1600 ～ 3150A，垂直母线系统为 400 ～ 800A；

额定短时耐受电流中的水平母线 80kA （有效值），垂直母线 50kA （有效值）；

额定峰值电流为水平母线 175kA，垂直母线为 110kA；

功能单元分断能力为 50kA；

外设防护等级为 IP40。

5. 电容补偿柜

电容补偿就是无功补偿或者功率因数补偿。数据中心电力系统的用电设备在使用时会产生无功功率，而且通常是电感性的，它会使电源的容量使用效率降低，而通过在系统中适当地增加电容的方式就可以使容量使用效率得以改善。电容补偿也称功率因数补偿。电容补偿柜如图 2-25 所示。

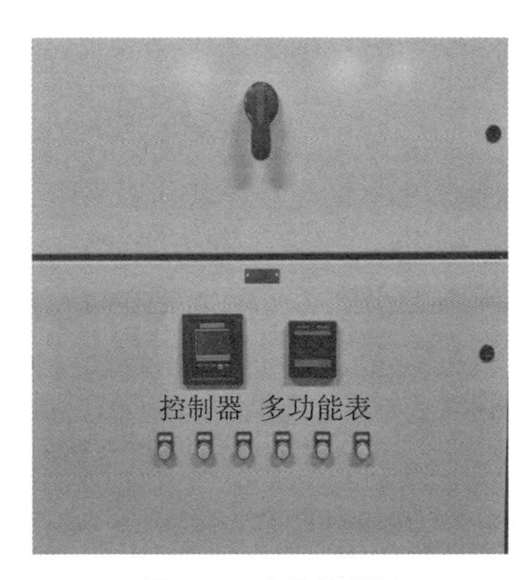

图 2-25　电容补偿柜

1）低压补偿装置

大功率晶闸管投切开关，控制器可根据系统电压，无功功率、两相准则控制晶闸管开关对多级电容组进行快速投切。晶闸管开关采用过零触发方式，可实现电容器无涌流无冲击投入，达到稳定系统电压，补偿电网无功、改善功率因数、提高变压器承载能力的目的。

2）装置结构

低压无功动态补偿装置由控制器、无触点开关组、并联电容器组、电抗器、放电装置及保护回路组成，整机设计为机电一体化方式。

低压无功动态补偿装置中的主要元件技术性能如下所述。

控制器：低压无功动态补偿装置控制器可实现分相、平衡、分相加平衡三种方式补偿。可满足不同性质负荷的补偿需要。可根据系统电压、无功功率控制无触点开关组投切，有手动和自动两种操作模式，并具有过电压切除、过电压闭锁、欠电压切除、超温告警等保护功能。

无触点开关组：无触点开关组是装置的主要执行元件，由晶闸管开关、散热器、风扇、温控开关、过零触发模块及阻容吸收回路构成，一体化设计单组可控最大容量为90kvar无功功率模组，晶闸管开关为进口元件，大功率、安全系数高。

并联电容器组：自愈式并联电容器，可按不同容量灵活编码组合，投切级数多，大容量补偿可一次到位。设备工作时由控制器实时监测系统电压及无功功率的变化。当系统电压低于供电标准或无功功率达到所设定电容器组投切门限时，控制器给出投切指令。由过零电路迅速检测晶闸管两端电压（即电容器和系统之间的电压差），当两端电压为零时触发晶闸管，电容器组实现无涌流投入或无涌流切除。

电容的作用主要有3方面：电容在交流电路里可将电压维持在较高的平均值。近峰值，高充低放，可改善增加电路电压的稳定性；对大电流负载的突发启动给予电流补偿，电力补偿电容组可提供巨大的瞬间电流，可减少对电网的冲击；电路里大量的感性负载会使电网的相位产生偏差，（感性元件会使交流电流相位滞后，电压相位超前90度），而电容在电路里的特性与电感正好相反，起补偿作用。

6. 低压电力电缆

低压电力电缆是指0.6kV～1kV的电缆，其作用是用于传输和分配电能，主要应用在城市地下电网、发电站引出线路、工矿企业内部用电和过江海水下输电。低压电缆的主要型号有：VV、YJV、VV22、YJV22、YQ/YZ/YC、BTTZ/YTTW。数据中心主要使用VV、YJV、VV22、YJV22型号较多。

低压电力电缆常用的敷设方式有：直接埋地；敷设于电缆沟内；沿墙敷设；敷设于电缆隧道内等。

低压电力电缆实物如图2-26所示。

图2-26 低压电力电缆实物

2.1.5 UPS及其配电系统

对于数据中心来说，电力系统在运行过程中，有可能出现故障，尽管出现故障的概率很小，持续时间很短，但是，一旦出现产生的后果很严重，甚至是灾难性的。电力系统发生故障，其运行状态将发生很大变化，UPS 电源将避免这种变化对 IT 服务器等负载的影响，所以 UPS 设备的应用对于 IT 机房不间断运行十分重要。

1. UPS 概念及工作原理

UPS 是一种含有储能装置，以逆变器为主要元件，稳压稳频输出的电源保护设备。主要由整流器、蓄电池、逆变器和静态开关等几部分组成。

当市电正常为 380/220VAC 时，UPS 整流器输出直流电压，给 DC-AC 逆变器提供直流电压，逆变器输出稳定的 220V 或 380V 交流电压，同时市电经整流后对蓄电池充电。当任何时候市电欠电压或突然掉电，则由蓄电池组通过蓄电池断路器向逆变器馈送直流电能。

从市电供电切换到蓄电池供电没有切换时间。当蓄电池能量即将耗尽时，UPS 电源发出声光报警，并在蓄电池放电下限点停止逆变器工作，以保护蓄电池，并长鸣告警。UPS 电源还有过载保护功能，当发生严重超载（比如 150% 负载）时，跳到旁路状态，并在负载正常时自动返回。

UPS 外观如图 2-27 所示。

图 2-27　UPS 外观

2. UPS 配电系统

UPS 配电系统包括 UPS 输入柜和 UPS 输出柜。

UPS 输入柜：市电通过 UPS 输入柜给 UPS 提供外部电源，一般分为 UPS 外部主路输入和外部旁路输入。

UPS 输出柜：UPS 通过输出柜给为 IT 设备提供电源分配的列头柜。一般来说，UPS 输入、输出柜都安装框架式断路器或塑壳式断路器。图 2-28 所示为 UPS 输入、输出柜。

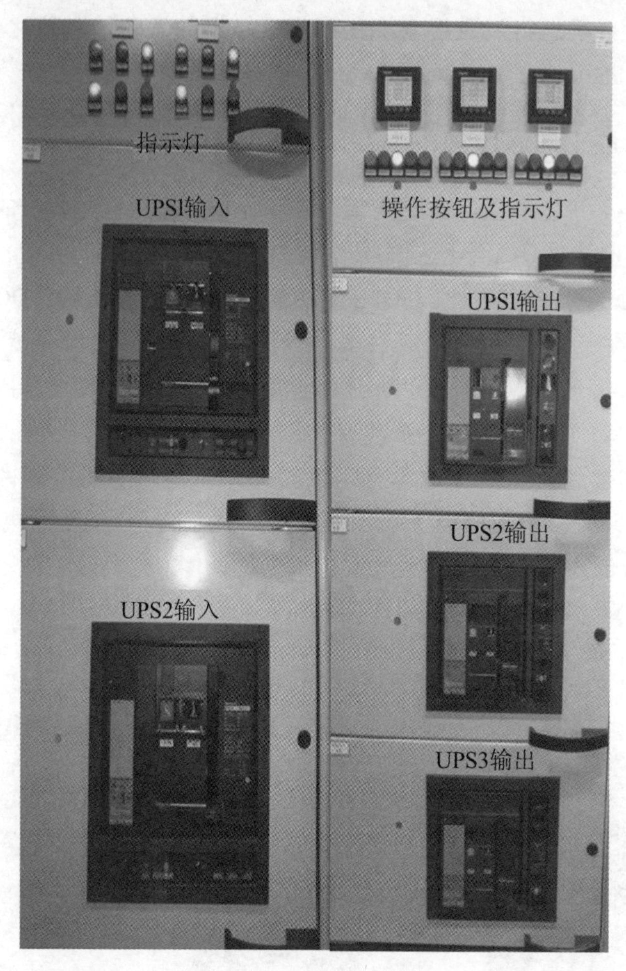

图 2-28 UPS 输入、输出柜

3. 蓄电池

蓄电池是将化学能直接转化成电能的一种装置，是按可再充电设计的电池，通过可逆的化学反应实现再充电，通常使用铅酸蓄电池，它是电池中的一种，属于二次电池。它的工作原理：充电时利用外部的电能使内部活性物质再生，把电能储存为化学能，需要放电时再次把化学能转换为电能输出。UPS 在市电欠电压或突然掉电，由电池组通过逆变器向负载供电。蓄电池单只基准低压一般为 12V 或 2V，蓄电池实物如图 2-29 所示。

图 2-29 蓄电池实物外观图

4. UPS 蓄电池典型摆放形式

电池架是根据电池大小，用铁、铝等金属制作成有规格模型的架子；电池柜是根据电池大小，用铁、铝等金属制作成有规格模型的柜子。一般当蓄电池数量多，单只容量大时采用蓄电池架；蓄电池数量少，单只容量小时采用蓄电池柜。蓄电池架能够装撑更多的蓄电池，更易维护，而蓄电池柜够装撑相对少的蓄电池，不易维护，但更安全，如图 2-30 所示。

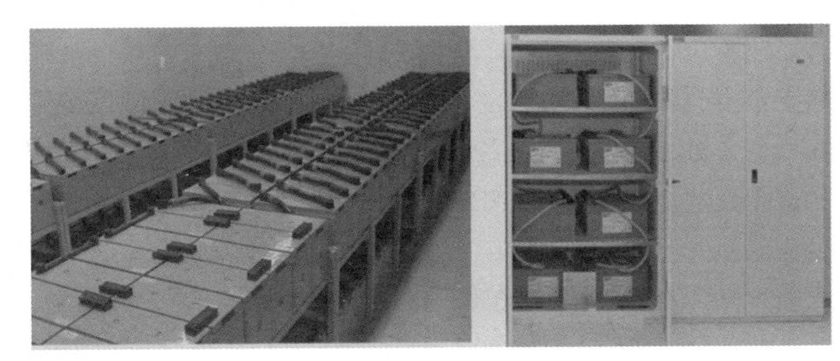

图 2-30　蓄电池架（左）和蓄电池柜（右）

2.1.6　电源精密列头柜

1. 精密列头柜

列头柜是指为成行排列或按功能区划分的机柜提供网络布线传输服务或配电管理的设备，一般位于一列机柜的端头，所以称其为列头柜。由于需要的技术较高，使用范围也不广，列头柜目前只有两代产品。第一代产品是传统机房使用的普通列头柜；第二代产品又被称为精密列头柜，一般在云计算中心、大数据中心的大型机房使用，它作为配电屏和网络机柜之间的过渡，具备可在线扩展、实时在线监测等高级功能。它与数据设备和网络机柜配套使用，用于对同一机房内一列或多列 IT 设备机柜的用电进行分配和管理，并具备相应的保护功能。数据中心里所指列头柜一般就是指电源精密列头柜或叫精密列头柜。

2. 精密列头柜组成

精密列头柜一般由柜体和附属部件组成。其中柜体由骨架、前后门（单面列头柜无后门，但应有背板）、侧板、顶板、底板等构成，附属部件包括输入配电模块、分路输出模块、地线排、信号输出接口、电量计量模块（可选）、数据显示装置、门锁及机墩等。其外观如图 2-31 所示。

图 2-31　精密列头柜外观图

3. 工作原理

数据中心供配电系统一般采用2N架构，IT机房配电回路一般是A、B双路电源接入，UPS下端接入UPS输出柜，分配到各个列头柜，经列头柜后接入各机柜PDU再到负载。

列头柜电源进线断路器一般选用塑壳断路器作为总开关，具有短路、过载保护，还具备隔离功能，方便检修。柜内一般需设置电气火灾监控系统，电气火灾探测器和监控单元。由于机房设备对雷击非常敏感，所以一般要选配浪涌保护器（避雷器）。

列头柜选择微型断路器作为支路输出。微型断路器由操作机构、触点、保护装置（各种脱扣器）、灭弧系统等组成。其主触点是靠手动操作或电动合闸的。主触点闭合后，自由脱扣机构将主触点锁在合闸位置上。过电流脱扣器的线圈和热脱扣器的热元件与主电路串联，欠电压脱扣器的线圈和电源并联。

列头柜如果有需要，可以加装漏电模块。机房设备的供电连续性、可靠性非常重要，在列头柜进线处安装电力参数测量仪，能实时监视电气参数水平，及时发送故障报警信号，提前发现潜在的故障隐患，同时监视用电能耗水平。

列头柜内可按需选配配电模块，模块化结构便于拆装、维护，模块允许用户快速、灵活的增加和删减回路，满足机房用电量的扩容需求。

2.1.7 工业连接器插座

工业连接器插座也叫工业插头，工业插头简单的来说就是连接器。列头柜支路开关电缆通过工业插头与IT机柜中PDU上电缆连接到一起，工业插头分一公一母。一般分为3芯、4芯、5芯等，电流一般分为16A、32A、63A、125A、250A、400A等，数据中心用的工业插头电流一般不大于63A，防护等级又可以分为IP44、IP67这两种。一般情况下工业插座有固定式和移动式。工业连接器实物如图2-32所示。

工业连接器插座（固定式）

工业连接器插座（移动式）

工业连接器插头

图2-32 工业连接器实物图

2.1.8 末端配电箱

末端配电箱是除去列头柜的分动力配电箱和照明配电箱，是配电系统的末级设备。末端配电箱是按电气接线要求将开关设备、测量仪表、保护电器和辅助设备组装在封闭或半封闭金属柜中或屏幅上，构成低压配电装置。正常运行时可借助手动或自动开关接通或分断电路。故障或不正常运行时借助保护电器切断电路或报警。借助测量仪表可显示运行中的各种参数，还可对某些电气参数进行调整，对偏离正常工作状态进行提示或发出信号。常用于办公室照明、空调机房动力等，一般分支回路断路器容量不会太大，几十安培，过百安培的较少。

末端配电箱主要用途包括以下几点：给用电设备供电（给设备提供电源）；启停操作用电设备（有启停按钮）；检测设备的运转（设置信号指示灯，有电流表电压表）；保护用电设备。

末端配电箱就是配电柜，是专给动力设备（一般指电动机）提供电源和控制的配电柜，如图 2-33 所示。

图 2-33　末端配电箱

2.1.9　低压断路器

1. 断路器工作原理

低压断路器的作用是切断和接通负荷电路，以及切断故障电路，防止事故扩大，保证安全运行。当发生短路故障时，大电流（一般 10 ～ 12 倍）产生的磁场克服反力弹簧，脱扣器拉动操作机构动作，开关瞬时跳闸。当过载时，电流变大，发热量加剧，双金属片变形到一定程度推动机构动作（电流越大，动作时间越短）。

低压断路器的主触点是靠手动操作或电动合闸的。当电路发生短路时，过电流脱扣器的衔铁吸合，使自由脱扣机构动作，主触点断开主电路；当电路过载时，热脱扣器的热元件发热使双金属片上弯曲，推动自由脱扣机构动作；当电路欠电压时，欠电压脱扣器的衔铁释放，也使自由脱扣机构动作。分励脱扣器则作为远距离控制用，在正常工作时，其线圈是断电的，在需要距离控制时，按下起动按钮，使线圈通电。

2. 组成结构

低压断路器一般由触头系统、灭弧系统、操动机构和保护装置等构成。

1）触头系统

触头（静触头和动触头）在断路器中用来实现电路接通或分断。

触头的基本要求为：能安全可靠地接通和分断极限短路电流；长期工作制的工作电流；在规定的电寿命次数内，接通和分断后不会严重磨损。

常用断路器的触头型式有，对接式触头、桥式触头和插入式触头。对接式和桥式触头多为面接触或线接触，在触头上都焊有银基合金镶块。大型断路器每相除主触头外，还有副触头和弧触头。

断路器触头的动作顺序是：断路器闭合时，弧触头先闭合；然后副触头闭合；最后主触头闭合。断路器分断时却相反，主触头承载负荷电流，副触头的作用是保护主触头，弧触头是用来承担切断电流时的电弧烧灼，电弧只在弧触头上形成，从而保证了主触头不被电弧烧蚀，长期稳定的工作。

2）灭弧系统

灭弧系统用来熄灭触头间在断开电路时产生的电弧。灭弧系统包括两个部分：一为强力弹簧机构，使断路器触头快速分开；一为在触头上方设有灭弧室。

3）操动机构

断路器操动机构包括传动机构和脱扣机构两大部分。

传动机构按断路器操作方式不同可分为手动传动、杠杆传动、电磁铁传动、电动机传动；按闭合方式可分为贮能闭合和非贮能闭合。

脱扣机构的功能是实现传动机构和触头系统之间的联系。

4）保护装置

断路器的保护装置由各种脱扣器来实现，如图 2-34 所示。

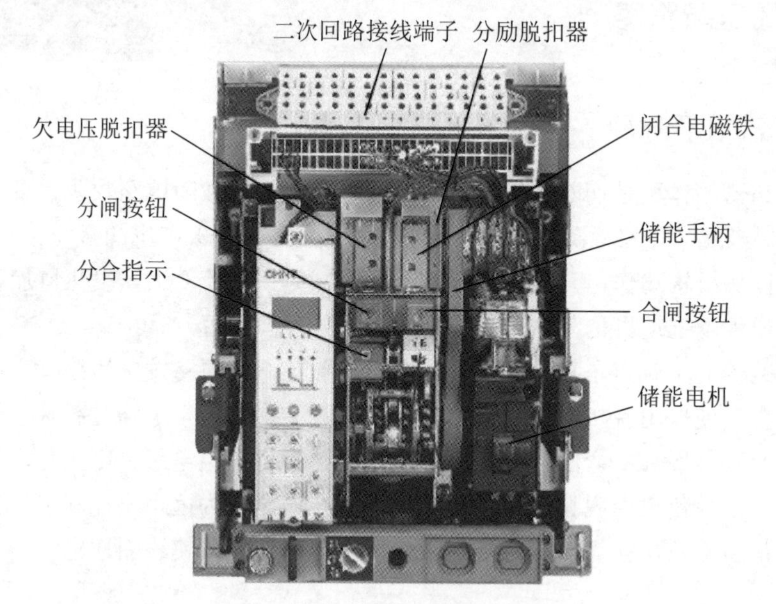

图 2-34　低压断路器保护装置

断路器的脱扣器型式有：欠电压脱扣器、分励脱扣器、过电流脱扣器等。过电流脱扣器还可分为过载脱扣器和短路脱扣器。

欠电压脱扣器是一个线圈，中间有一个打击脚，卡在断路器机构牵引杆上，使机构始终处于解锁状态，保证无法储能合闸（如此时强行储能合闸的话，会使牵引杆断裂）。当线圈得到足够的电压时，打击脚被吸合，退出牵引杆的运动轨迹，从而断路器可正常合分。欠电压脱扣器用来监视工作电压的波动，当电网电压降低至 70% ～ 35% 额定电压或电网发生故障时，断路器可立即分断，在电源电压低于 35% 额定电压时，能防止断路器闭合。带延时动作的欠电压脱扣器，可防止因负荷陡升引起的电压波动，而造成断路器不适当地分断。延时时间为 1s、3s 和 5s。

分励脱扣器用于远距离遥控或热继电器动作分断断路器。

过电流脱扣器用于防止过载和负载侧短路。

一般断路器还具有短路锁定功能，用来防止断路器因短路故障分断后，故障未排除前再合闸。在短路条件下，断路器分断，锁定机构动作，使断路器机构保持在分断位置，锁定机构未复位前，断路器合闸机构不能动作，无法接通电路。

3. 主要特性

断路器的特性主要有：额定工作电压、额定电流、过载保护和短路保护（m）的脱扣电流整定范围、额定短路分断电流等。

额定工作电压：这是断路器在正常（不间断的）的情况下工作的电压。

额定电流：这是配有专门的过电流脱扣继电器的断路器在制造厂家规定的环境温度下所能无限承受的最大电流值，不会超过电流承受部件规定的温度限值。

短路继电器脱扣电流整定值：短路脱扣继电器（瞬时或短延时）用于高故障电流值出现时，使断路器快速跳闸，其跳闸极限。

额定短路分断能力：断路器的额定短路分断电流是断路器能够分断而不被损害的最高（预期的）电流值。标准中提供的电流值为故障电流交流分量的均方根值，计算标准值时直流暂态分量（总在最坏的情况短路下出现）假定为零。工业用断路器额定值和家用断路器额定值通常以 kA 均方根值的形式给出。

短路分断能力：断路器的额定分断能力分为额定极限短路分断能力和额定运行短路分断能力两种。国标《低压开关设备和控制设备低压断路器》对断路器额定极限短路分断能力和额定运行短路分断能力作了如下的解释：

（1）断路器的额定极限短路分断能力：按规定的实验程序所规定的条件，不包括断路器继续承载其额定电流能力的分断能力。

（2）断路器的额定运行短路分断能力：按规定的实验程序所规定的条件，包括断路器继续承载其额定电流能力的分断能力。

（3）额定极限短路分断能力的试验程序为 O—t—CO。

其具体试验是：把线路的电流调整到预期的短路电流值（例如 380V ，50kA），而试验按钮未合，被试断路器处于合闸位置，按下试验按钮，断路器通过 50kA 短路电流，断路器立即开断（open 简称 O），断路器应完好，且能再合闸。t 为间歇时间，一般为 3min，此时线路仍处于热备状态，断路器再进行一次接通（close 简称 C）和紧接着的开断（O），（接通试验是考核断路器在峰值电流下的电动和热稳定性）。此程序即为 CO。断路器能完全分断，则其极限短路分断能力合格。

（4）断路器的额定运行短路分断能力的试验程序为 O—t—CO—t—CO。它比额定极限短路分断能力的试验程序多了一次 CO，经过试验，断路器能完全分断、熄灭电弧，就认定它的额定运行短路分断能力合格。

因此，可以看出，额定极限短路分断能力指的是低压断路器在分断了断路器出线端最大三相短路电流后还可再正常运行并再分断这一短路电流一次，至于以后是否能正常接通及分断，断路器不予以保证；而额定运行短路分断能力指的是断路器在其出线端最大三相短路电流发生时可多次正常分断。

一般来说，具有过载长延时、短路短延时和短路瞬动三段保护功能的断路器，能实现选择性保护，大多数主干线（包括变压器的出线端）都采用它作主保护开关。不具备短路短延时功能的断路器（仅有过载长延时和短路瞬动二段保护），不能作选择性保护，它们只能使用于支路。

无论是哪种断路器，虽然都具备额定短路分断能力和短路分断能力这两个重要的技术指标。但是，作为支线上使用的断路器，可以仅满足额定极限短路分断能力即可。较普遍的偏颇是宁取大，不取正合适，认为取大保险。但取得过大，会造成不必要的浪费（同类型断路器，其 H 型——高分断型，比 S 型——普通型的价格要贵 1.3 ～ 1.8 倍）。因此支线上的断路器没有必要一味追求它的运行短路分断能力指标。而对于干线上使用的断路器，不仅要满足额定极限短路分断能力的要求，同时也应该满足额定运行短路分断能力的要求，如果仅以额定极限短路分断能力来衡量其分断能力合格与否，将会给用户带来不安全的隐患。

断路器是一种基本的低压电器，断路器具有过载、短路和欠电压保护功能，有保护线路和电源的能力。

主要技术指标是额定电压、额定电流。断路器根据不同的应用具有不同的功能，品种、规格很多，具体的技术指标也很多。

断路器自由脱扣：断路器在合闸过程中的任何时刻，若是保护动作接通跳闸回路，断路器完全能可靠地断开，这就叫自由脱扣。带有自由脱扣的断路器，可以保证断路器合闸短路故障时，能迅速断开，可以避免扩大事故的范围。

4. 低压断路器分类

低压断路器按容量和结构分为微型断路器、塑壳断路器、框架断路器和智能型万能低压断路器。部分断路器外观如图 2-35 所示。

图 2-35　各种容量段断路器

1）微型断路器

微型断路器，简称 MCB，一般容量小于 63A，是数据中心电气终端配电装置中使用最广泛的一种终端保护电器。

2）塑壳断路器

一般容量为 63 ～ 630A。塑壳断路器是将触头、灭弧室、脱扣器和操作机构等都装在一个塑料外壳内，一般不考虑维修，适用于作支路的保护开关。过电流脱扣器有热磁式和电子式两种，一般热磁式塑壳断路器为非选择性断路器，仅有过载长时延及短路瞬时两种保护方式；电子式塑壳断路器有过载长时延、短路短时延、短路瞬时和接地故障四种保护功能，部分电子式塑壳断路器新推出的产品还带有区域选择性连锁功能。大多数塑壳断路器为手动操作，也有部分带电动机操作机构。

塑壳断路器热电磁式，以前的断路器大部分都是这种结构，就是利用电的热效应及电的磁效应。热效应就是利用双金属片结构来实施，开关电流大后，双金属片弯曲变形，变形到一定程度后推动开关的脱扣装置，开关跳闸，通过机械调整螺丝来调整开关的热过载电流，调整的精度不高，属于反时限动作，就是电流越大，动作时间就越短，有些大开关如电动式断路器。

热过载电流不直接采用双金属片结构，而是使用电流互感器，将一次电流转换成二次电流，再接入热继电器，通过热继电器的常开或是常闭触点，控制跳闸线圈使开关断开，瞬间大电流跳闸就是利用磁效应，在开关下端头有个电磁线圈结构，当有大电流或短路电流（比开关的过载电流大很多）造成电磁线圈的吸力增大，直接带动了开关脱扣装置，通过机械调整螺丝来调整开关的瞬间跳闸电流。

热电磁式结构不需要外接电源，抗干扰强。可以不使用跳闸线圈。

电子式，就是通过电流互感器回路，检查开关电流，已电流值来控制输出，输出控制跳闸线圈，让开关跳闸，优点就是精度高，调整方便，直接设定数值或使用电位器调整。

缺点就是需要使用跳闸线圈，需要电源，电子电路出问题就比较难处理，抗干扰能力差一点。

3）框架断路器

框架断路器就是断路器的部件都安装一个金属框架上，各元件不封闭。框架断路器的额定容量都较大，可以从 630 ～ 6300A；框架断路器一般用在大容量负荷回路上，其开断容量都比较大。

框架断路器一般采用电磁合闸，但为了满足跳闸的速度，一般采用弹簧储能跳闸。储能电动机是给跳闸弹簧储能用的，断路器合闸后，储能电动机继续转动，将跳闸弹簧拉紧在一定位置，用销定位储能，一旦断路器保护动作，保护顶开销子，弹簧急速拉开开关，以保证触头能够尽快灭弧。

4）智能型万能低压断路器

这种断路器一般都有一个钢制的框架，所有的零部件均安装在框架内。其容量较大，可装设多种功能的脱扣器和较多的辅助触头，有较高的分段能力和热稳定性，所以常用于要求高分断能力和选择性保护的场所。

智能型万能低压断路器用于交流 50Hz，额定电压 400V、690V，额定电流为 200 ～ 6300A 的配电网络中；主要用来分配电能和保护线路及电源设备免受过载、欠电压、短路、单相接地等故障的危害，该断路器具有多种智能保护功能，可做选择性保护，且动作精确，避免不必要的停电，提高供电可靠性。

2.1.10 自动转换开关（ATS）

ATS 全称为 Automatic Transfer Switch，自动转换开关，分三极或四极两种，是能进行自动或远程自动转换的开关，它能保证双路电源的切换和隔离，在发电机组中用于当市电突然停止时将发电机组发的电转换到电路中。

1. ATS 的工作原理

当市电故障时，ATS 经过 0 ～ 10s 延时自动把负载切换至发电端；当市电恢复后，ATS 又经过 0 ～ 10s 延时自动把负载切换至市电端，发电机组经过冷却延时后自动停机。ATS 柜的切换延时，保证了切换前机组电源或市电电源各项电参数的稳定性。ATS 控制柜具有手动和自动切换电源的功能。ATS 具有市电优先的功能，也就是说即使在发电机组供电状态，只要市电恢复正常，就立刻切换至市电供电。ATS 能够检测到市电故障信号，当市电故障时，能及时给发电机组的自启动端发送一个控制信号，让机组自启动，准备供电。ATS 具有机械联锁和电气联锁功能，确保切换的准确和安全；同时 ATS 具有缺相保护的功能。ATS + MCCB（断路器）可使 ATS 柜增加短路、过载保护功能。

2. ATS 控制柜的组成

ATS 控制柜主要元器件：

（1）核心部件：自动电源转换开关，ATS 如图 2-36 所示。

（2）控制模块。

（3）面板信号指示灯及其外围电路。

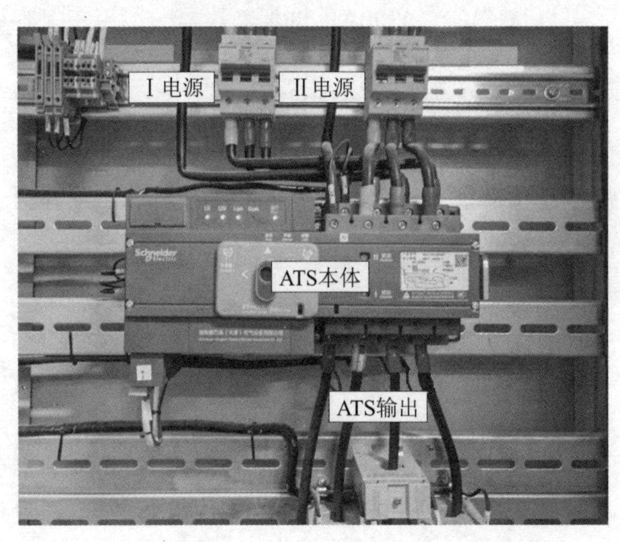

图 2-36　ATS 转换开关

2.1.11 照明灯具

照明灯具是指能透光、分配和改变光源光分布的器具，包括除光源外所有用于固定和保护光源所需的全部零部件以及与电源连接所必需的线路附件。照明灯具的基本特征通常用配光曲线（光强分布曲线）、保护角、效率三项指标来表示，配光曲线描述的是照明灯具在工作状态时射向各方向上的发光强度，保护角描述的是照明灯具防止眩光的范围，效率描述的是照明灯具发出的光通量占光源总光通量的比例。图 2-37、图 2-38 所示是办公室常见的日光灯。

图 2-37 双管日光灯

图 2-38 单管日光灯

2.1.12 应急照明灯具

疏散应急照明灯、标志灯，统称消防应急照明灯具，是防火安全措施中要求的一种重要产品。平时它要像普通灯具一样提供照明，当出现紧急情况，如地震、失火或电路故障引起电源突然中断，所有光源都已停止工作，此时，它必须立即提供可靠的照明，并指示人流疏散的方向和紧急出口的位置，以确保滞留在黑暗中的人们顺利地撤离。由此可见，应急照明灯是一种在紧急情况下保持照明和引导疏散的光源。

应急照明灯具由光源、光源驱动器、整流器、逆变器、电池组、标志灯壳等几部分组成。平时，通过光源驱动器，驱动光源正常照明，同时通过整流器对电池组进行电能补充，即使在下班后关断照明的情况下，整流器仍然工作在充电状态，以使电池组始终处于饱满的战备状态。当遇到紧急情况，市电突然停止时，逆变器将自动启动逆变电路，把电池组的低压电能转换为高压电能，驱动光源继续照明。

电池的选择应符合下面规定：使用白炽灯时放电时间不少于 20min，使用荧光灯时放电时间不少于 30 min；安装体积不能过大的应急灯应使用镍镉电池或铅酸电池，放电时间比较长的可采用大容量开口型电池。电气部件包括直流和交流的变换器、检测电路工作性能的切换开关、镇流部件等。

应急照明灯可按工作状态和功能进行分类。

应急照明灯按工作状态可分为 3 类。

持续式应急灯：不管正常照明电源有否故障，能持续提供照明。

非持续式应急灯：只有当正常照明电源发生故障时才提供照明。

复合应急灯：应急照明灯具内装有两个以上光源，至少有一个可在正常照明电源发生故障时提供照明。

应急照明灯按功能可分为 2 类。

照明型灯具：在发生事故时，能向走道、出口通道、楼梯和潜在危险区提供必要的照明。

标志型灯具：能醒目地指示出口及通道方向，灯上有文字和图示。

数据中心应急照明灯具选择普通办公室常用的日光灯，但是电源则选择 UPS 电源，保证了能持续照明而不间断地工作。

2.1.13 机柜PDU

机柜 PDU（Power Distribution Unit，电源分配单元），也就是我们常说的机柜用电源分配插座。PDU 是为机柜式安装的电气设备提供电力分配而设计的产品，拥有不同的功能、安装方式和不同插位组合的多种系列规格，能为不同的电源环境提供适合的机架式电源分配解决方案。PDU 的应用，可使机柜中的电源分配更加整齐、可靠、安全、专业和美观，并使得机柜中电源的维护更加便利和可靠。机柜 PDU 是直接服务于服务器的末端配电设施，如图 2-39、图 2-40 所示。

10A万用孔

10A IEC Cl3孔

图 2-39 PDU

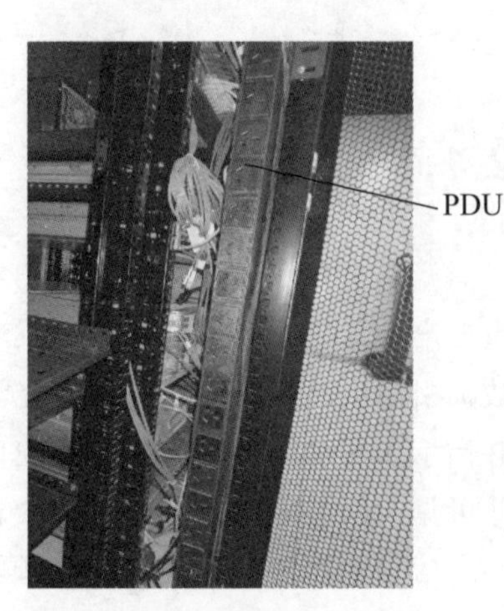

图 2-40 机柜 PDU

机柜 PDU 优点

机柜 PDU 和普通电源排插相比，其优点主要表现在：设计安排更合理、品质更佳、标准更严格、安全无故障工作时间长、对各类漏电过电过载的保护更优秀、插拔动作频繁而不易损坏、热升温小、安装更灵活方便，适合对用电要求很严格的行业客户使用。也从根本上杜绝了普通电源排插的因接触不良、负荷小而造成的频繁断电、烧毁、火灾等安全隐患。

PDU 可方便地安装在 19in 标准机柜、机架上，占用机柜空间少，支持水平安装（标准 19in）、垂直安装（与机柜立柱平行安装），也可适用于其他场合。

PDU 接口兼容性好：支持多国制式标准的电源插座孔模块，可满足多国客户的不同需求；多用输出插孔及 IEC 输出插座，适用于多国不同的进口仪器设备的插头。

PDU 提供了多重保护功能：内置多级电涌保护装置，提供更强保护，同时提供滤波、报警、电源监控等多种可视化装置。

PDU 内部连接采用插孔簧片为磷青铜，弹性好，接触优良，可耐受 10 000 次以上插拔；插座模块之间的连接方式全部采用螺纹端子和插接端子的连接方式，插座端头设有固定线缆的固定栓等便利装置。

更多弱电选择，易于管理和远程控制：产品可选择附加数字显示、异常报警、网络管理等功能，彰显产品的弱电，提高其可用性和易管理性。

2.1.14 数据中心防雷接地系统

1. 防雷接地的概念

防雷接地是为了将雷电电流导入大地，而对建筑物、电气设备和设施采取的保护措施。对建筑物、电气设备和设施的安全使用是十分必要的。建筑物的防雷接地，一般分为避雷针和避雷线两种方式。

电力系统的接地一般与防雷接地系统分别安装和使用，以免造成雷电对电气设备的损害。

对于高层建筑，除屋顶防雷外，还有防侧雷击的避雷带以及接地装置等，通常是将楼顶的避雷针、避雷线与建筑物的主钢筋焊接为一体，再与地面上的接地体相连接，构成建筑物的防雷装置，即自然接地体与人工接地体相结合，以达到最好的防雷效果。

接地装置是接地体和接地线的总称，其作用是将闪电电流导入地下，防雷系统的保护在很大程度上与此有关。接地工程本身的特点就决定了周围环境对工程效果的影响，脱离了工程所在地的具体情况来设计接地工程是不可行的。

接地体又称接地极，是与土壤直接接触的金属导体或导体群。分为人工接地体与自然接地体。接地体作为与大地土壤密切接触并提供与大地之间电气连接的导体，可安全地将雷电的能量导入大地。

2. 防雷原理

防雷，是指通过组成拦截、疏导最后泄放入地的一体化系统方式以防止由直击雷或雷电的电磁脉冲对建筑物本身或其内部设备造成损害的防护技术。防雷接地系统如图 2-41 所示。

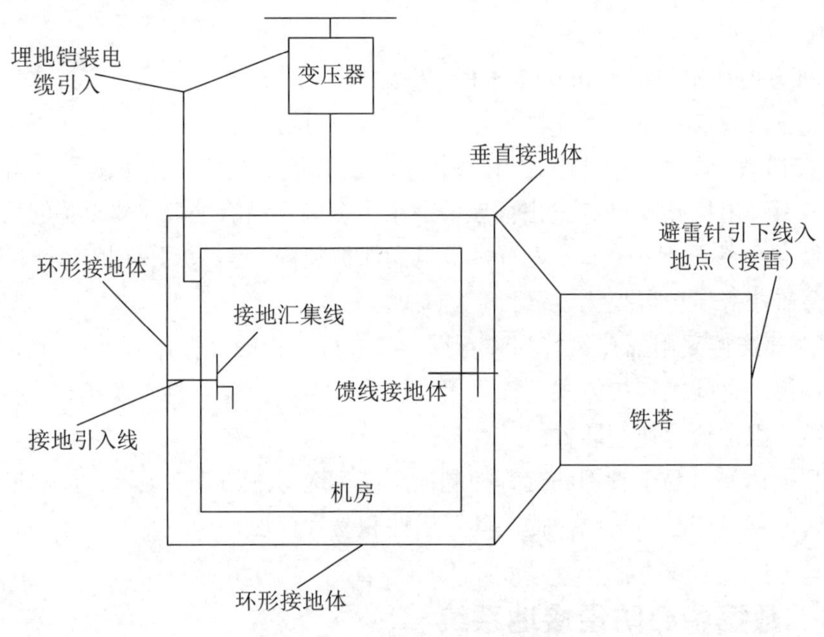

图 2-41 防雷接地系统示意图

把建筑物接闪器以及电力电子系统感应到或者直接接受到的雷电过电压通过与接地系统（接地网接地极）等相连的引下线释放到大地中的过程。因为大地的电阻和引下线的电阻非常的小，而建筑物自身的电阻很大，所以雷电过电压会从引下线导入大地中。

通信基站的防雷与接地应符合《建筑物电子信息系统防雷技术规范》GB 50343—2012 中的规定：通信基站的雷电防护宜先进行雷电风险评估及雷电防护分级，基站的天线必须设置于直击雷防护区（$LPZ0_B$）区内。

基站的天馈线应从铁塔中心部位引下，同轴电缆在其上部、下部和经走线桥架进入机房前，屏蔽层应就近接地。当铁塔高度大于或等于 60m 时，同轴电缆金属屏蔽层还应在铁塔中部增加一处接地。

3. 防雷接地的主要作用

为了使接闪器截获直接雷击的雷电流或通过防雷器的雷电流安全泄放入地，以保护建筑物，建筑物内人员和设备安全的接地成为防雷接地。

另外，高压线上的避雷线是用于防止高压线被雷击的架空地线，它的两端都是接地，也是一种防雷接地。

一般认为雷电放电机制可用电流源等效、接地电阻越小雷电流产生的电源也越低，雷击的危害就越小，所以要尽可能降低接地电阻。

4. 浪涌保护器

浪涌保护器（Surge Protection Device，SPD）是电子设备雷电防护中不可缺少的一种装置，过去常称为“避雷器”或“过电压保护器”，如图 2-42 所示。当电气回路或者通信线路中因为外界的干扰突然产生尖峰电流或者电压时，浪涌保护器能在极短的时间内导通分流，从而避免浪涌对回路中其他设备的损害。

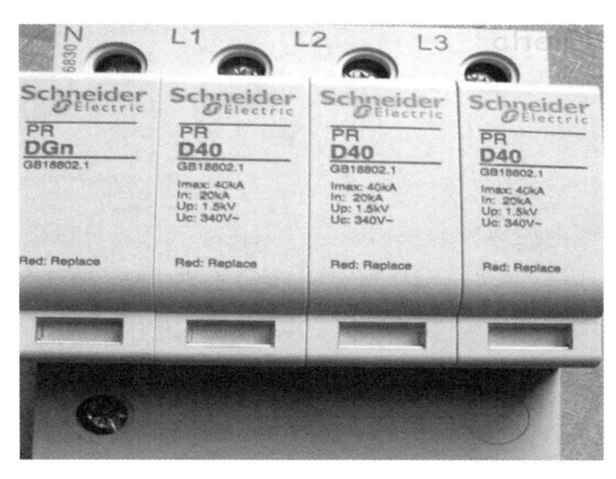

图 2-42　浪涌保护器

浪涌保护器适用于交流 50/60Hz，额定电压 220V/380V 的供电系统中，对间接雷电和直接雷电影响或其他瞬时过电压的电涌进行保护，适用于家庭住宅、第三产业以及工业领域电涌保护的要求。

1）浪涌保护器工作原理

浪涌保护器的作用是把窜入电力线、信号传输线的瞬时过电压限制在设备或系统所能承受的电压范围内，或将强大的雷电流泄流入地，保护被保护的设备或系统不受冲击而损坏。

2）浪涌保护器组成

浪涌保护器的类型和结构按不同的用途有所不同，但它至少应包含一个非线性电压限制元件。用于浪涌保护器的基本元器件有放电间隙、充气放电管、压敏电阻、抑制二极管和扼流线圈等。

3）浪涌保护器分类

浪涌保护器的具体分类如下。

（1）按工作原理分类，浪涌保护器可分为电压开关型、限压型及组合型。

①电压开关型浪涌保护器：在没有瞬时过电压时呈现高阻抗，一旦响应雷电瞬时过电压，其阻抗就突变为低阻压开关抗，允许雷电流通过。也被称为短路开关型浪涌保护器。

②限压型浪涌保护器：当没有瞬时过电压时为高阻抗，但随电涌电流和电压的增加，其阻抗会不断减小，其电流电压特性为强烈非线性。有时被称为钳压型浪涌保护器。

③组合型浪涌保护器：由电压开关型组件和限压型组件组合而成，可以显示为电压开关型或限压型或两者兼有的特性，这决定于所加电压的特性。

（2）按用途分类，浪涌保护器可分为电源线路浪涌保护器、信号线路浪涌保护器。

①电源线路浪涌保护器：当电源传输线路遭受直接雷击时，将传导的巨大能量进行泄放，线路中需要安装浪涌保护器。

②信号线路浪涌保护器：信号线路浪涌保护器其实就是信号避雷器，安装在信号传输线路中，一般在设备前端，用来保护后面的设备，防止雷电波从信号线路涌入损伤设备。

5. 接地装置

接地装置也称接地一体化装置，是把电气设备或其他物件和大地之间构成电气连接的设备。接地装置由接地极（板）、接地母线（户内、户外）、接地引下线（接地跨接线）、构架接地组成。它被用以实现电气系统与大地相连接的目的。与大地直接接触实现电气连接的金属物体为接地极。它可以是人工接地极，也可以是自然接地极。对此接地极可赋以某种电气功能，例如用以作系统接地、保护接地或信号接地。接地母排是建筑物电气装置的参考电位点，通过它将电气装置内需接地的部分与接地极相连接。它还起另一作用，即通过它将电气装置内诸等电位联结线互相连通，从而实现一建筑物内大件导电部分间的总等电位联结。接地极与接地母排之间的连接线称为接地极引线。

1）接地体分类

接地装置由埋入土中的接地体（圆钢、角钢、扁钢、钢管等）和连接用的接地线构成。按接地的目的，电气设备的接地可分为工作接地、防雷接地、保护接地、仪控接地。

工作接地：是为了保证电力系统正常运行所需要的接地。例如中性点直接接地系统中的变压器中性点接地，其作用是稳定电网对地电位，从而可使对地绝缘降低。

防雷接地：是针对防雷保护的需要而设置的接地。例如避雷针 / 线（现称接闪杆、接闪线或接闪带）、避雷器的接地，目的是使雷电流顺利导入大地，以利于降低雷过电压，故又称过电压保护接地。

保护接地：也称安全接地，是为了人身安全而设置的接地，即电气设备外壳（包括电缆皮）必须接地，以防外壳带电危及人身安全。

仪控接地：发电厂的热力控制系统、数据采集系统、计算机监控系统、晶体管或微机型继电保护系统和远动通信系统等，为了稳定电位、防止干扰而设置的接地。也称为电子系统接地。

2）接地电阻的基本概念

接地电阻是指电流经过接地体进入大地并向周围扩散时所遇到的电阻。大地具有一定的电阻率，如果有电流流过时，则大地各处就具有不同的电位。电流经接地体注入大地后，它以电流场的形式向四处扩散，离接地点愈远，半球形的散流面积愈大，地中的电流密度就愈小，因此可认为在较远处（15 ～ 20m 以外），单位扩散距离的电阻及地中电流密度已接近零，该处电位已为零电位。

接地点处的电位 Um 与接地电流 I 的比值定义为该点的接地电阻 R，R=Um/I。当接地电流为定值时，接地电阻愈小，则电位 Um 愈低，反之则愈高。接地电阻主要取决于接地装置的结构、尺寸、埋入地下的深度及当地的土壤电阻率。因金属接地体的电阻率远小于土壤电阻率，故接地体本身的电阻在接地电阻中可以忽略不计。接地部分实物图片如图 2-43 所示。

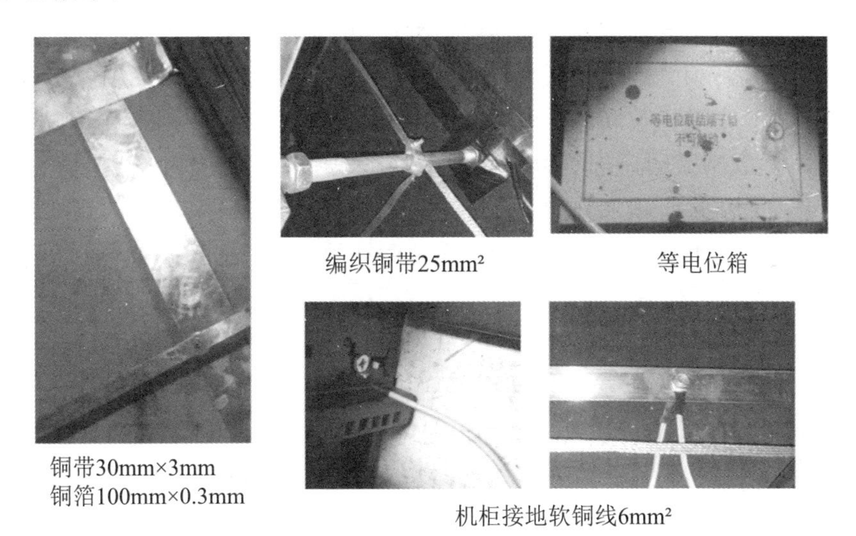

图 2-43 接地部分实物图片

3）数据中心宜采用共用接地系统

《数据中心设计规范》GB 50174—2017 中规定：保护性接地和功能性接地宜共用一组接地装置，其接地电阻应按其中最小值确定。

“保护性接地”就是以保护人身和设备安全为目的的接地，包括防雷接地、防电击接地、防静电接地、屏蔽接地、电磁兼容性接地等。

“功能性接地”是用于保证设备（系统）正常运行，正确地实现设备（系统）功能的接地，包括交流工作接地、直流工作接地、信号接地等。

数据中心接地包括保护性接地和功能性接地，涉及人员和设备安全，是保证电子信息设备正常工作的重要手段。在过去几十年，各国专家就“共用接地”和“单独接地”问题争论不休，但现在基本统一了思想，就是进行等电位联结并接地。

关于数据中心的接地电阻值，IEC 有关标准及等同或等效采用 IEC 标准的中国标准均未规定接地电阻值的要求，数据中心行业的国外标准，如美国通信行业标准 TIA-942、日本数据中心协会标准等都没有规定数据中心的接地电阻值，只要求实现接地和等电位联结即可。推荐数据中心采用共用接地系统。

4）等电位联结

等电位联结是一种不需增加保护电器，只要增加一些连接导线，就可以均衡电位和降低接触电压，消除因电位差而引起电击危险的措施。它既经济又能有效地防止电击。

等电位联结通常包括总等电位联结和辅助等电位联结两种。所谓总等电位联结是将电气装置的 PE 线或 PEN 线与附近的所有金属管道构件（例如接地干线、水管、煤气管、采暖和空调管道等，如果可能也包括建筑物的钢筋及金属构件）在进入建筑物处和等电位联结端子板（即接地端子板）联结。总等电位联结靠均衡电位而降低接触电压，并消除从电源线路引入建筑物的危险电压。

总等电位联结的主要目的不在于缩短保护电器的动作时间，而是使人所能同时触及的外露导电部分和外部导电部分之间的电位近似相等，即将接触电压降到安全值以下。正常条件下安全电压值为50V，在潮湿环境中为25V。当采用自动切断电源作为防止间接电击的措施时，总等电位联结是不可缺少的。

辅助等电位联结又叫局部等电位联结，是在一个局部范围内将PE线或PEN线与附近所有能触及的外露导电部分和外部导电部分相互连接，使其在局部范围内处于同一电位，作为总等电位联结的补充。局部等电位联结的主要目的在于使接触电压降低至安全电压以下。

装有防雷装置的建筑物，在防雷装置与其他设施和建筑物内人员无法隔离的情况下，也应采取等电位联结的方法。

当部分电气装置位于总等电位联结作用区以外时，应装设漏电断路器，并且这部分的PE线应与电源进线的PE线隔离，改接至单独的接地极，杜绝外部窜入的危险电压。

2.2 暖通空调系统

2.2.1 基本概念

数据中心暖通空调系统，一般也称为数据中心空调系统。空气有三大指标：温度、湿度和洁净度。空调的作用就是调节温度、湿度和洁净度，人为地创造一个舒适的生活和工作环境。暖通空调这个词，是“供暖通风与空调工程”的简称，英文为Heating Ventilation and Air Conditioning，简写为HVAC。

暖通空调的主要功能包括采暖、通风和空气调节三个方面。在数据中心暖通空调系统中，给IT设备机房降温的空调制冷装置必须具有通风功能，用以输送冷空气。除此之外，机房日常通风系统、消防系统的排烟补风子系统、新风系统（向室内输送新鲜室外空气）等，有时也归于暖通空调范畴。就供暖这个功能来讲，由于数据中心的特点，除了个别部分（例如给水系统为了冬季防冻需要供暖），一般无须采用大规模供暖设施。

2.2.2 基本组成

一个完整独立的暖通空调系统基本可分为三大部分，分别是冷热源及空气处理设备、空气和冷热水输配系统、室内末端装置。

暖通空调系统由四大部件构造。

1. 压缩机

压缩机是制冷循环的核心，从蒸发器中抽气，将制冷剂压缩成高温高压的蒸气，并为整个制冷回路提供动力。暖通系统中常用的涡旋式压缩机和螺杆式压缩机如图 2-44 所示。

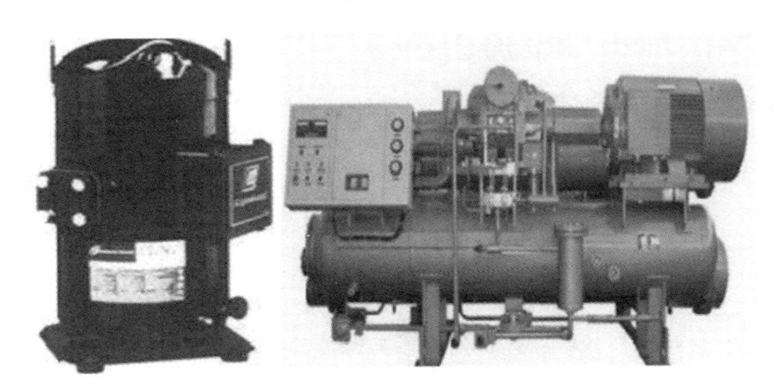

图 2-44　涡旋式压缩机和螺杆式压缩机

制冷和空调行业中采用的压缩机有五大类型：往复式、螺杆式、回转式、涡旋式和离心式。其中往复式是小型和中型商用制冷系统中应用最多的一种压缩机；螺杆式压缩机主要用于大型商用和工业系统；回转式压缩机、涡旋式压缩机主要用于家用和小容量商用空调装置；离心式压缩机则广泛用于大型楼宇的空调系统。

2. 冷凝器

冷凝器为高温高压的制冷剂蒸气进行降温并放热，凝结热由外部空气介质带走。在冷凝介质的作用下，使压缩机排出的过热饱和蒸气冷凝为液态。

冷凝器按其冷却介质不同，可分为水冷式、空气冷却式两大类。水冷式冷凝器是以水作为冷却介质，靠水的温升带走冷凝热量；空气冷却式冷凝器是以空气作为冷却介质，靠空气的温升带走冷凝热量。水冷冷凝器和风冷冷凝器如图 2-45 所示。

图 2-45　水冷冷凝器和风冷冷凝器

3. 膨胀阀

膨胀阀是制冷系统中的一个重要部件，一般安装于储液筒和蒸发器之间。膨胀阀使中温高压的液体制冷剂通过其节流成为低温低压的湿蒸气，然后制冷剂在蒸发器中吸收热量达到制冷效果，膨胀阀通过蒸发器末端的过热度变化来控制阀门流量，防止出现蒸发器面积利用不足和敲缸现象。

膨胀阀可分为热力膨胀阀、电子膨胀阀两种，如图 2-46 所示。热力膨胀阀既可控制蒸发器供液量，又可节流饱和液态制冷剂，根据热力膨胀阀结构上的不同，分为内平衡式和外平衡式两种；电子膨胀阀主要用于变频空调系统中，它是按照预设程序调节蒸发器供液量，适应制冷机电一体化的发展要求，具有热力膨胀阀无法比拟的优良特性，为制冷系统的弱电控制提供了条件。

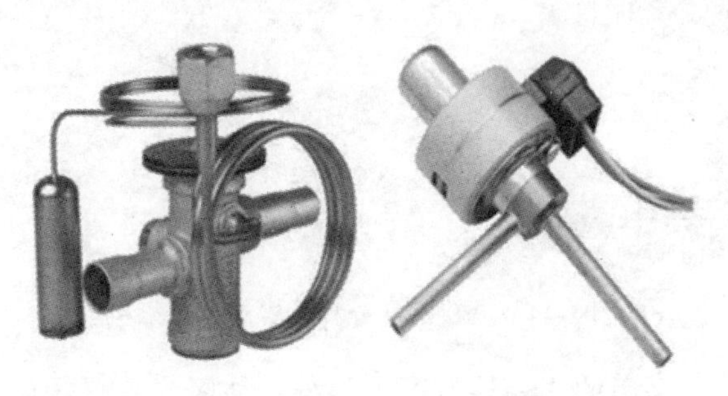

图 2-46　热力膨胀阀和电子膨胀阀

4. 蒸发器

经过膨胀阀后的液态制冷剂在蒸发器中吸热气化，使被冷却物质降温，实现制冷的目的。根据被冷却介质的种类不同，蒸发器可分为两大类：冷却空气型蒸发器和冷却液体型蒸发器，如图 2-47 所示。

图 2-47　冷却空气型蒸发器和冷却液体型蒸发器

2.2.3　工作原理

暖通空调系统按制冷原理可分为蒸汽压缩式制冷、溴化锂吸收式制冷、蒸气喷射式制冷、空气膨胀制冷、电化学制冷等，其中常用的空调人工冷源设备有蒸汽压缩式制冷和溴化锂吸收式制冷两大类。当然，不管在舒适性空调还是专用空调中，主流的制冷方式是蒸汽压缩式制冷，此处只介绍蒸汽压缩式制冷。制冷工作过程如图 2-48 所示。

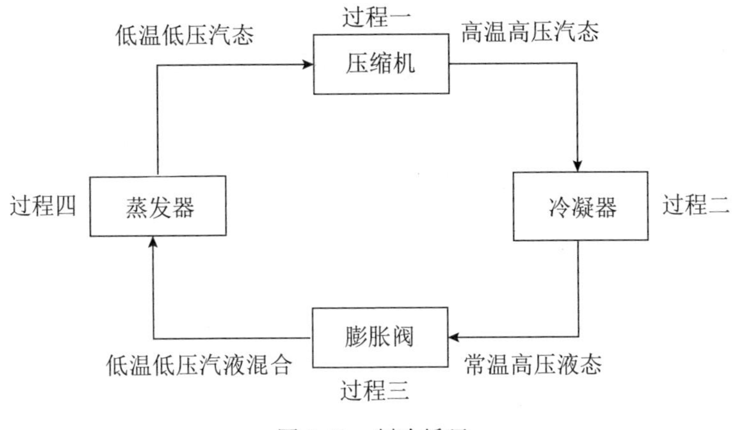

图 2-48　制冷循环

1. 制冷工作过程

液态制冷剂在蒸发器中吸收被冷却物质的热量之后，汽化成低压中温的蒸汽，被压缩机吸入压缩成高压高温的蒸汽，蒸汽进入冷凝器向冷却物质放热而冷凝为高压常温的液体，在经节流装置节流以后变为低压低温的液态制冷剂，再次进入蒸发器吸热汽化，从而起到循环制冷的目的。

过程一：压缩过程（绝热加压）。这是一个绝热压缩过程，只有压缩，没有热量的传递。低温低压蒸汽进入压缩机，在压缩机里被压缩，蒸汽压力变大，外界以机械能的形式对蒸汽做功，蒸汽获得能量，温度升高。压缩的目的是让冷媒具备释放热量的能力，让蒸汽温度高于外界温度才能将系统中的热量释放。

过程二：放热过程（等压放热）。从压缩机出来的高温高压蒸汽，经过冷凝器把系统中的热释放到外界，高温高压蒸汽放热以后，温度降低了，但是压力还没有改变，变为液态制冷剂。这个过程可理解为给常压水蒸气降温，水蒸气会变为液态的水。

过程三：节流过程。常温高压的液体进入节流阀（节流阀实际上是带动态调节的一个小孔，让常温高压的液体从小孔中穿过），进入低压、大体积的冷媒管路中，形成节流效应。液体压力降低，获得较大的速度，由于压力过低部分液体汽化，降低了液体的温度，形成低温低压的气液混合物。节流的目的是让冷媒降低压力，使其沸点低于室内温度，具有吸热气化的能力，从室内吸热。

过程四：吸热过程（等压过程）。从节流阀过来的低温低压气液混合物，经过蒸发器吸收室内空气的热，让室内空气温度降低，实现制冷。吸收了热量后，所有液体变成气体。之所以可以吸热是因为低压状态下冷媒沸点很低，周围环境温度高于它的沸点，就持续吸热沸腾变成气体。

2. 制冷过程主要变化

制冷过程主要变化如表 2-3 所示。

表 2-3 制冷过程主要变化

部件	制冷剂状态	压力变化	温度变化
压缩机	气 - 气	低压 - 高压	低温 - 高温
冷凝器	气 - 液	高压	高温 - 常温
膨胀阀	液 - 液混合	高压 - 低压	常温 - 低温
蒸发器	液 - 气	低压	低温

2.2.4 主要类型

暖通空调系统可以从多个角度进行分类。

1. 按使用目的分类

暖通空调系统按使用目的可分为以下 2 类。

舒适性空调——要求温度适宜，环境舒适，对温湿度的调节精度无严格要求，用于住房、办公室、影剧院、商场、体育馆、汽车、船舶、飞机等。

工艺性空调——对温湿度有一定的调节精度要求，对空气的洁净度也要有较高的要求。用于电子器件生产车间、精密仪器生产车间、计算机房、生物实验室等。

2. 按设备布置情况分类

暖通空调系统按布置情况可分为以下 3 类。

集中式（中央）空调——空气处理设备集中在中央空调室里，处理过的空气通过风管送至各房间的空调系统。适用于面积大、房间集中、各房间热湿负荷比较接近的场所，如商场、超市、餐厅、船舶、工厂等。系统维修管理方便，设备的消声隔振比较容易解决，但集中式空调系统的输配系统中风机、水泵的能耗较高。如果没有空气局部处理 A，只有集中处理 B 来进行空气调节，此系统就属于集中式。空调系统组成如图 2-49 所示。

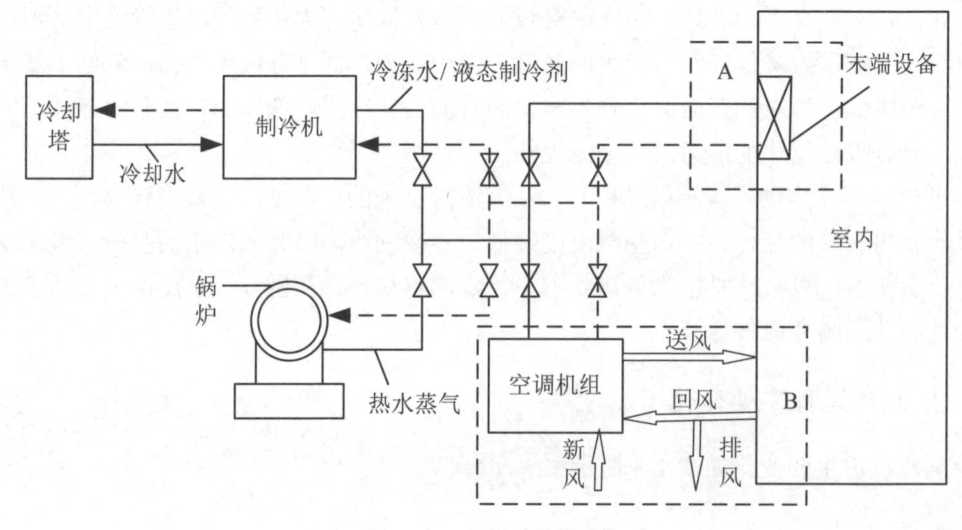

图 2-49 空调系统组成

半集中式空调——既有中央空调又有处理空气的末端装置的空调系统。这种系统比较复杂，可以达到较高的调节精度。适用于宾馆、酒店、办公楼等有独立调节要求的民用建筑。半集中式空调的输配系统能耗通常低于集中式空调系统。常见的半集中式空调系统有风机盘管系统和诱导式空调系统。

局部式空调——每个房间都有各自的设备处理空气的空调。空调器可直接装在房间里或装在邻近房间里，就地处理空气。适用于面积小、房间分散、热湿负荷相差大的场合，如办公室、机房、家庭等。其设备可以是单台独立式空调机组，也可以是由管道集中给冷热水的风机盘管式空调器组成的系统，各房间按需要调节本室的温度。

3. 按承担负荷介质分类

暖通空调系统按承担负荷介质可分为以下 4 类。

全空气系统——仅通过风管向空调区域输送冷热空气。全空气系统的风管类型有单区风管、多区风管、单管或双管、末端再热风管、定空气流量、变空气流量系统以及混合系统。在典型的全空气系统中，新风和回风混合后通过制冷剂盘管处理后再送入室内，对房间进行采暖或制冷。

全水系统——房间负荷由集中供应的冷、热水负担。中央机组制取的冷冻水循环输送到空气处理单元中的盘管（也称为末端设备或风机盘管）对室内进行空气调节。采暖通过热水在盘管中的循环流动来实现。当环境只要求制冷或采暖、或采暖和制冷不同时进行时，可以采用两管制系统。采暖所需的热水是由电加热器或锅炉制取，利用对流换热器、脚踢板热辐射器、翅片管辐射器、标准风机盘管等进行散热。

空气 - 水系统——空调房间的负荷由集中处理的空气负担一部分，其他负荷由水作为介质进入空调房间，对空气进行再处理。

直接蒸发式机组系统——又称冷剂式空调系统，空调房间的负荷由制冷剂直接负担，制冷系统蒸发器（或冷凝器）直接从空调房间吸收（或放出）热量。其机组组成为空气处理设备（空气冷却器、空气加热器、加湿器、过滤器等）、通风机和制冷设备（制冷压缩机、节流机构等）。

2.3　弱电系统

2.3.1　基本概念

弱电通常是指直流电源在 36V 以内的直流电路、视频线路、网络线路、电话线路等。弱电具有电流小、电压低的特点，通常用来进行信号处理。常用的弱电电气设备有计算机、电话、电视机的信号输入（有线电视线路）、音响设备（输出端线路）、摄像头等。

数据中心弱电系统各个分系统为数据中心提供了各类机电设备的监控管理，为运维人员提供了现代化的管理手段与办公条件，为数据中心基础设施提供了安全、健康、可靠运行环境，满足了基础设施和人员对不同环境、功能的要求。

2.3.2 系统组成

数据中心弱电系统一般包括以下几个子系统：电力监控系统、门禁安全管理系统、视频监控系统、动环监控系统、综合布线系统。

1. 电力监控系统

电力监控系统利用计算机、计量保护装置和总线技术，对高（这里指10kV）、低压配电系统的实时数据、开关状态及远程控制进行集中管理。

电力监控系统以计算机、通信设备、测控单元为基本工具，为变配电系统的实时数据采集、开关状态检测及远程控制提供了基础平台。它可以和检测、控制设备构成任意复杂的监控系统，在变配电监控中发挥了核心作用，可以帮助企业消除信息孤岛、降低运作成本，提高生产效率，加快对基础设施故障的应急反应。

1）电力监控系统结构

电力监控系统是基于10kV及以下变配电系统的监测与管理，该系统由管理层（站控层）、通信层（中间层）、现场监控层（间隔层）三部分组成，如图2-50所示。

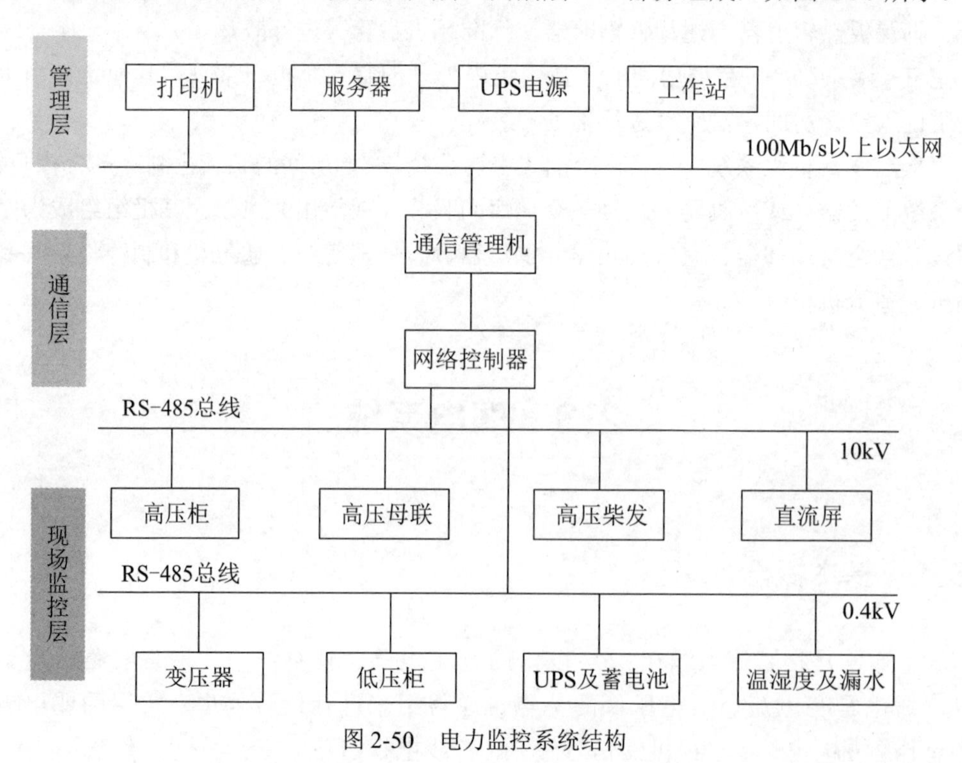

图2-50 电力监控系统结构

（1）现场监控层：所有现场设备相对独立，按一次设备对应分布式布置，完成保护、控制、监测和通信，同时具有动态实时显示开关设备状态、运行参数、故障信息，经 RS-485 通信接入现场总线。

（2）通信层：现场测控层与系统管理层进行数据交换的通信设备和通信线路。

（3）管理层：监控主机采用高性能的计算机，结合监控软件实现对系统的全面监控和管理功能。通过以太网与分散控制系统（Distributed Control System，DCS）系统、楼宇自控系统、消防控制系统等通信，数据上传共享。

2）电力监控系统功能

电力监控系统功能包括以下几点：

（1）人机交互：系统提供简单、易用、良好的用户使用界面。采用全中文界面，显示低压配电系统电气一次主接线图；显示配电系统设备状态及相应实时运行参数；画面定时轮巡切换；画面实时动态刷新；模拟量显示；开关量显示；连续记录显示等。

（2）历时事件：历时事件查看界面主要为用户查看曾经发生过的故障记录、信号记录、操作记录、越限记录提供方便友好的人机交互。通过历史事件查看平台，用户可以根据自己的要求和查询条件方便地定位所要查看的历史事件，为把握整个系统的运行情况提供了良好的软件支持。

（3）数据库建立与查询：主要完成遥测量和遥信量定时采集，并且建立数据库，定期生成报表，以供用户查询打印。

（4）用户权限管理：通过用户权限管理可针对不同级别的用户，设置不同的权限组，防止因人为误操作给生产，生活带来的损失，实现配电系统的安全可靠运行。可以通过用户管理进行用户登录、用户注销、修改密码、添加删除等操作，方便用户对账号和权限的修改。

（5）运行负荷曲线：负荷趋势曲线功能主要负责定时采集进线及重要回路电流和功率负荷参量，自动生成运行负荷趋势曲线，方便用户及时了解设备的运行负荷状况。用户点击画面相应按钮或菜单项可以完成相应功能的切换；可以查看实时趋势曲线或历史趋势线；对所选曲线可以进行平移、缩放、量程变换等操作，帮助用户进行趋势分析和故障追忆，为分析整个系统的运行状况提供了直观而方便的软件支持。

（6）远程报表查询：报表管理程序的主要功能是根据用户的需要设计报表样式，把系统中处理的数据经过筛选、组合和统计生成用户需要的报表数据。此外，还可以根据用户的需要对报表文件采用定时保存、打印或者召唤保存。同时系统还为用户提供了对生成的报表文件进行管理的功能。报表具有自由设置查询时间实现日、月、年的电能统计，数据导出和报表打印等功能。

2. 门禁安全管理系统

门禁安全管理系统是新型现代化安全管理系统，它集计算机自动识别技术和现代安全管理措施为一体，涉及电子、机械、光学、计算机、通信、生物等诸多新技术，是解决重要部门出入口实现安全防范管理的有效措施。在数字技术和网络技术飞速发展的今天，门禁技术得到了迅猛的发展。门禁系统早已超越了单纯的门道及钥匙管理，它已经逐渐发展成为一套完整的出入管理系统。它在工作环境安全、人事考勤管理等行政管理工作中发挥着巨大的作用。

在该系统的基础上增加相应的辅助设备可以进行电梯控制、车辆进出控制、物业消防监控、保安巡检管理、餐饮收费管理等，真正实现区域内一卡智能管理。

门禁系统又称出入管理控制系统（access control system），是一种管理人员进出的弱电管理系统。具体功能概括就是：管理什么人什么时间可以进出哪些门，并提供事后的查询报表等。常见的门禁系统有密码门禁系统、非接触卡门禁系统、指纹虹膜掌型生物识别门禁系统等。门禁系统近几年发展很快，被广泛应用于管理控制系统中。

1）门禁安全管理系统的功能

门禁安全管理系统包括以下基本功能：

（1）对通道进出权限的管理：进出通道的权限是指对每个通道设置哪些人可以进出，哪些人不能进出；进出通道的方式是指对可以进出该通道的人进行进出方式的授权，进出方式通常有密码、指纹（生物识别）、读卡三种方式；进出通道的时段是指设置允许进出该通道的人在什么时间范围内可以进出。

（2）实时监控功能：系统管理人员可以通过微机实时查看每个门区人员的进出情况（同时有照片显示）、每个门区的状态（包括门的开关，各种非正常状态报警等）；也可以在紧急状态打开或关闭所有的门区。

（3）出入记录查询功能：系统可存储所有的进出记录、状态记录，可按不同的查询条件查询。如配备相应考勤软件还可实现考勤、门禁一卡通。

（4）异常报警功能：在异常情况下可以实现计算机报警或报警器报警，如非法侵入、门超时未关等。根据系统的不同，门禁系统还可以实现一些特殊功能，如反潜回功能，就是持卡人必须依照预先设定好的路线进出，否则下一通道刷卡无效，以防止持卡人尾随别人进入；防尾随功能，就是持卡人必须关上刚进入的门才能打开下一个门，此功能与反潜回功能一样，只是方式不同。

（5）消防报警监控联动功能：在出现火警时门禁系统可以自动打开所有电子锁让门里的人随时逃生。“监控联动”通常是指监控系统自动在有人刷卡时（有效 / 无效）录下当时的情况，同时也将门禁系统出现警报时的情况录下来。

（6）网络设置管理监控功能：大多数门禁系统只能用一台计算机管理，而技术先进的系统则可以在网络上任何一个授权的位置对整个系统进行设置监控查询管理，还可以通过互联网进行异地设置管理监控查询。

（7）逻辑开门功能：简单地说就是同一个门需要几个人同时刷卡（或其他方式）才能打开电控门锁。

2）门禁安全管理系统的分类

门禁安全管理系统可按识别方式、机型设计方式和通信方式分类。

（1）门禁安全管理系统按识别方式可分为密码识别、卡片识别和生物识别。

密码识别：通过检验输入密码是否正确来识别进出权限。这类产品又分两类：一类是普通型，另一类是乱序键盘型（键盘上的数字不固定，不定期自动变化）。

普通型的优点是操作方便、无须携带卡片、成本低。缺点是同时只能容纳三组密码，容易泄露，安全性很差；无进出记录；只能单向控制。

乱序键盘型的优点是操作方便，无须携带卡片，安全系数稍高。缺点是密码容易泄露，安全性还是不高；无进出记录；只能单向控制；成本高。

卡片识别：通过读卡或读卡加密码方式来识别进出权限，按卡片种类又分为磁卡和射频卡。

磁卡的优点是成本较低；一人一卡（+ 密码），安全性一般；可连接计算机；有开门记录。缺点是卡片与设备接触，有磨损，寿命较短；卡片容易复制；不易双向控制；卡片信息容易因外界磁场而丢失，使卡片无效。

射频卡的优点是卡片与设备无接触，开门方便安全；寿命长，理论数据保存至少十年；安全性高，可连接计算机，有开门记录；可以实现双向控制；卡片很难被复制。缺点是成本较高。

生物识别：通过检验人员的生物特征方式来识别进出。有指纹型、虹膜型、面部识别型。

生物识别的优点是从识别角度来说安全性极好；无须携带卡片。缺点是成本很高；识别率不高；对环境要求高；对使用者要求高（比如指纹不能划伤，眼不能红肿出血，脸上不能有伤，或胡子的多少）；使用不方便（比如虹膜型的和面部识别型的装置，安装高度位置固定，但使用者的身高却各不相同）。值得注意的是一般人认为生物识别的门禁系统很安全，其实这是误解。门禁系统的安全不仅包括识别方式的安全，还包括控制系统部分的安全、软件系统的安全、通信系统的安全、电源系统的安全。整个系统是一个整体，哪方面不过关，整个系统都不安全。例如有的指纹门禁系统，它的控制器和指纹识别仪器是一体的，安装时要装在室外，这样一来控制锁开关的线就露在室外，很容易被人打开。

（2）按机型设计方式分类，包括：

①一体机（控制器自带读卡器）。这种设计的缺陷是控制器须安装在门外，因此部分控制线必须露在门外，内行人无须卡片或密码也可以轻松开门。

②分体机控制器与读卡器（识别仪）是分体的。这类系统控制器安装在室内，除读卡器输入线露在室外，其他所有控制线均在室内，而读卡器传递的是数字信号，因此，若无有效卡片或密码任何人都无法进门。这类系统应是用户的首选。

（3）按通信方式分类，包括：

①不联网门禁，即单机控制型门禁，就是一台计算机管理一个门，不能用计算机软件进行控制，也不能看到记录，而且直接通过控制器进行控制。特点是价格便宜，安装维护简单，不能查看记录，不适合人数多于 50 或者人员经常流动（指经常有人入职和离职）的地方，也不适合门数多于 5 扇的工程。

② RS-485 联网门禁，就是可以和计算机进行通信的门禁，直接使用软件进行管理，包括卡和事件控制。这种门禁系统管理方便、控制集中，可以查看记录，对记录进行分

析处理以用于其他目的。特点是价格比较高、安装维护难度大，但培训简单，可以进行考勤等增值服务。适合人多、流动性大和门多的工程。

③ TCP/IP 网络门禁，也叫以太网联网门禁，是可以联网的门禁系统，但是是通过网线将计算机和控制器进行联网。除具有 RS-485 联网门禁系统的全部优点以外，它还具有速度更快、安装更简单、支持联网的数量更大，可以跨地域或者跨城联网的特点，但设备价格高，需要用户有计算机网络知识。适合安装在大项目、人数多、对速度有要求、跨地域的工程中。

3）门禁安全管理系统的组成

门禁安全管理系统由门禁控制器、读卡器、电控锁、卡片和其他设备组成。

门禁控制器：门禁系统的核心部分，相当于计算机的 CPU，它负责整个系统输入、输出信息的处理和存储、控制等。

读卡器（识别仪）：读取卡片中数据（生物特征信息）的设备。

电控锁：门禁系统中锁门的执行部件。用户应根据门的材料、出门要求等需求选择不同的锁具。主要有以下 3 种类型。

■ 电磁锁：断电后开门，以符合消防要求，并配备多种安装架以供选用。这种锁具适于单向的木门、玻璃门、防火门和对开的电动门。

■ 阳极锁：断电后开门，以符合消防要求。它安装在门框的上部。与电磁锁不同的是阳极锁适用于双向的木门、玻璃门和防火门，而且它本身带有门磁检测器，可随时检测门的安全状态。

■ 阴极锁：一般为通电开门型。适用于单向木门。安装阴极锁一定要配备 UPS 电源，因为停电时阴极锁是锁着的。

卡片：开门的钥匙。可以在卡片上打印持卡人的个人照片，将开门卡、胸卡合二为一。

其他设备包括：

■ 出门按钮：按一下打开门的设备，适用于对出门无限制的情况。

■ 门磁：用于检测门的安全和开关状态等。

■ 电源：整个系统的供电设备，分为普通式和后备式（带蓄电池）两种。

3. 视频监控系统

视频监控系统也叫闭路监控系统。视频监控系统是通过遥控摄像机及其辅助设备（光源等）直接查看被监视的现场情况，把被监视的场所的图形及声音同时送到监控中心，使被监控场所的情况一目了然，便于及时发现、记录和处置异常情况的一种电子系统或网络系统。

1）视频监控系统架构

视频监控系统架构包括以下子系统。

前端视频采集系统：包括摄像机、镜头、云台、智能球形摄像机等，如图 2-51 所示。

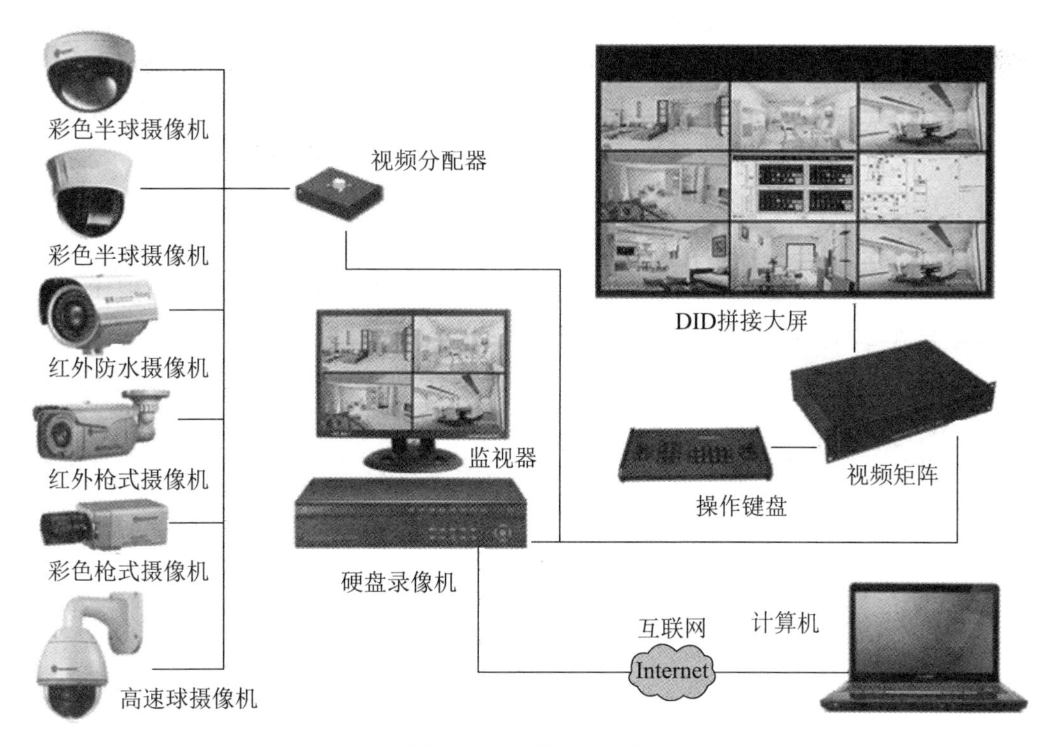

图 2-51 视频监控系统

（2）视频传输系统：包括传输线缆（光纤传输、同轴电缆传输、网线传输）、无线传输、光端机等。

（3）终端显示系统：包括 DVR 硬盘录像系统、视频矩阵、画面处理器、切换器、分配器远程拓展系统（第三代监控系统一个监控管理平台就能代替传统设备）。

监控不单纯指闭路电视监控系统，但传统意义上说的监控系统由前端摄像机（包括半球摄像机、红外摄像机、一体机等）+ 中端设备（光端机、网络视频服务器等）+ 后端的设备主机（硬盘录像机、视频矩阵等）（第三代监控系统一个监控管理平台就能代替传统设备）组成。

2）视频监控系统的常用设备

（1）云台：由两个交流电动机组成的安装平台，可以水平和垂直地运动。我们所说的云台要区别于照相器材中的云台，照相器材中的云台一般来说就是一个三脚架，只能通过手动方式来调节方位；而监控系统所说的云台是指通过控制系统在远端可以控制其转动方向的设备。云台按不同的分类方法分为不同类型：按使用环境分为室内型和室外型，主要区别是室外型密封性能好，防水、防尘，负载大；按安装方式分为侧装和吊装，即云台是安装在天花板上还是安装在墙壁上；按外形分为普通型和球型，球型云台是把云台安置在一个半球形或球形防护罩中，除了防止灰尘干扰图像外，还隐蔽、美观、快速。在挑选云台时要考虑安装环境、安装方式、工作电压、负载大小，还要考虑性能价格比和外形是否美观。

（2）支架：如果摄像机只是固定监控某个位置而不需要转动，那么只用摄像机支架就可以满足要求了。普通摄像机支架安装简单，价格低廉，而且种类繁多。普通支架有短的、长的、直的、弯的，可根据不同的要求选择不同的类型。室外支架主要考虑负载能力是否合乎要求，再有就是安装位置，因为从实践中我们发现，很多室外摄像机安装位置特殊，有的安装在电线杆上，有的立于塔吊上，有的安装在铁架上，等等。由于种种原因，现有的支架可能难以满足要求，这时就需要另外加工或改进，这里就不再多说了。

（3）防护罩：是监控系统中最常用的设备之一，功能主要是防尘、防破坏。分为室内型和室外型两种。室内防护罩主要的区别是体积大小、外形是否美观、表面处理是否合格。室外防护罩密封性能一定要好，保证雨水不能进入防护罩内部侵蚀摄像机。有的室外防护罩还带有排风扇、加热板、雨刮器，可以更好地保护设备。当天气太热时，排风扇自动工作；太冷时加热板自动工作；当防护罩玻璃上有雨水时，可以通过控制系统启动雨刮器。挑选防护罩时先看整体结构，安装孔越少越利于防水；再看内部线路是否便于联接；最后还要考虑外观、重量、安装座等。

（4）监视器：是监控系统的标准输出设备，有了监视器我们才能观看前端传送过来的图像。监视器分彩色、黑白两种，尺寸有 9、10、12、14、15、17、21in 等，常用的是 14in。监视器的分辨率，同摄像机一样用线数表示，实际使用时一般要求监视器线数要与摄像机匹配。另外，有些监视器还有音频输入、S-Video 输入、RGB 分量输入等。除了音频输入监控系统用到外，其余功能大部分用于图像处理工作，在此不作介绍。

（5）视频放大器：当视频传输距离比较远时，最好采用线径较粗的视频线，同时可以在线路内增加视频放大器增强信号强度来达到远距离传输目的。视频放大器可以增强视频的亮度、色度和同步信号，但线路内干扰信号也会被放大；另外，回路中不能串接太多视频放大器，否则会出现饱和现象，导致图像失真。

（6）视频分配器：1 路视频信号对应 1 台监视器或录像机，若想将 1 台摄像机的图像传送给多个管理者看，最好选择视频分配器。因为并联视频信号衰减较大，传送给多个输出设备后由于阻抗不匹配等原因，图像会严重失真，线路也不稳定。视频分配器除了阻抗匹配，还有视频增益，使视频信号可以同时传送给多个输出设备而不受影响。

（7）视频切换器：多路视频信号要送到同一处监控，可以 1 路视频对应 1 台监视器，但监视器占地大，价格贵，如果不要求时刻监控，可以在监控室增设一台切换器，把摄像机输出信号接到切换器的输入端，切换器的输出端接监视器。切换器的输入端分为 2、4、6、8、12、16 路，输出端分为单路和双路，而且还可以同步切换音频（视型号而定）。切换器有手动切换、自动切换两种工作方式，手动方式是想看哪一路就把开关拨到哪一路；自动方式是让预设的视频按顺序延时切换，切换时间通过一个旋钮可以调节，一般在 1 ～ 35s。切换器的价格便宜（一般只有三五百元），连接简单，操作方便，但在一个时间段内只能看输入中的一个图像。

（8）画面分割器：要在一台监视器上同时观看多个摄像机图像，就需要使用画面分割器。画面分割器有四分割、九分割、十六分割几种，可以在一台监视器上同时显示来自 4、9、16 个摄像机的图像，也可以送到录像机上记录。四分割是最常用的设备之一，其性能价格比也较好，图像的质量和连续性可以满足大部分要求。九分割和十六分割价格较贵，而且分割后每路图像的分辨率和连续性都会下降，录像效果不好。另外还有六分割、八分割、双四分割设备，但图像比率、清晰度、连续性并不理想，市场使用率更小。大部分分割器除了可以同时显示图像外，也可以显示单幅画面，可以叠加时间和字符，设置自动切换，联接报警器材。

（9）数字视频录像机（Digital Video Recorder，DVR），相对于传统的模拟视频录像机，它采用硬盘录像，故常常被称为硬盘录像机。

它是一套进行图像存储处理的计算机系统，具有对图像 / 语音进行长时间录像、录音、远程监视和控制功能。DVR 采用的是数字记录技术，在图像处理、图像储存、检索、备份，以及网络传递、远程控制等方面也远远优于模拟监控设备，DVR 代表了电视监控系统的发展方向，是市面上电视监控系统的首选产品。

（10）监控管理平台：是结合了现代音 / 视频压缩技术、网络通信技术、计算机控制技术、流媒体传输技术的平台。它采用模块化的软件设计理念，将不同客户的需求以组件模块的方式实现；以网络集中管理和网络传输为核心，完成信息采集、传输、控制、管理和存储的全过程，能够架构在各种专网、局域网、城域网、广域网之上，与市场主流硬件厂商配合，兼容多种品牌的硬件产品。真正实现了监控联网、集中管理，授权用户可在网络的任何计算机上对监控现场实时监控，提供了强大的、灵活的网络集中监控综合解决方案。

（11）磁盘阵列：在大型监控系统中，由于监控录像多、存储量大，要用到磁盘阵列。磁盘阵列是由很多价格较便宜的磁盘，组合成一个容量巨大的磁盘组，利用个别磁盘提供数据所产生的加成效果提升整个磁盘系统效能。利用这项技术。将数据切割成许多区段，分别存放在各个硬盘上。磁盘阵列还能利用同位检查（parity check）的概念，在磁盘组中任意一个硬盘出现故障时，仍可读出数据，在数据重构时，将数据经计算后重新置入新硬盘中。

4. 动环监控系统

1）动环监控系统的概念

数据中心基础设施及机房环境监控系统简称为动环监控系统，是对分布在各机房的电源柜、UPS、空调、蓄电池等多种动力设备及红外探测器、玻璃破碎探测器、温湿度探测器、烟雾探测器等机房环境的各种参数进行遥测、遥信、遥调和遥控，实时监测其运行参数，诊断和处理故障，记录和分析相关数据，并对设备进行集中监控和集中维护的计算机控制系统。动环监控系统结构如图 2-52 所示。

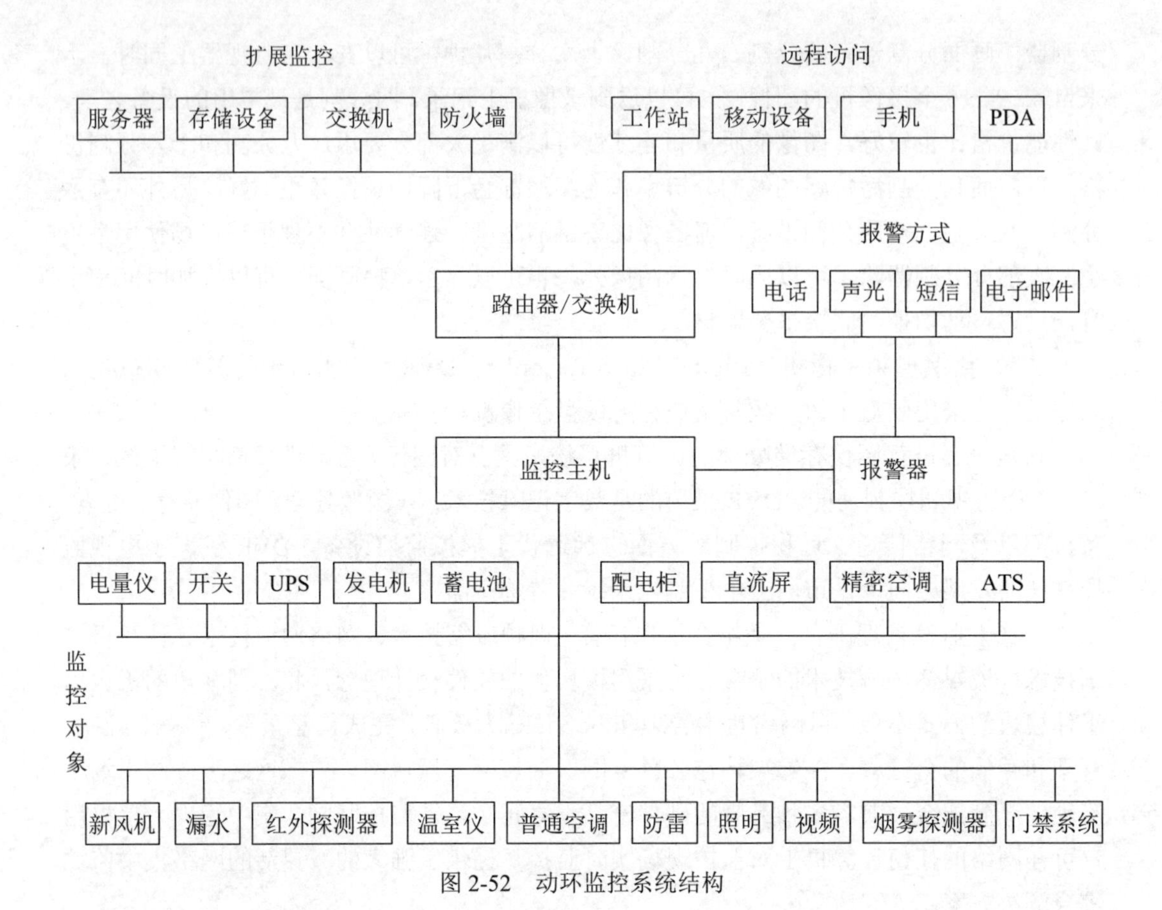

图 2-52　动环监控系统结构

2）机房动环监控系统的对象与范围

机房动环监控系统监控对象与范围具体如下。

（1）动力设备：市电、UPS、蓄电池、发电机、高压配电屏、低压配电屏、通信电源。

（2）环境设备：精密空调、工业空调、通信专用空调、中央空调、民用空调、新风机、除湿机、增湿机。

（3）整体环境：温度、湿度、漏水、火灾、粉尘、气体（甲烷、一氧化碳、二氧化碳）。

（4）安防设备：视频图像、门禁系统、玻璃破碎、震动、红外。

（5）IT 设备：服务器、交换机、路由器、防火墙、资产管理。

（6）能耗：空调能耗、机柜能耗、设备能耗。

其中，（1）～（3）合在一起又称为电力监控系统。

3）动环监控系统结构

动环监控系统由监控中心、监控分中心及所辖的监控站构成三级监控管理结构，在运行维护部门设置监控终端。监控中心对所辖的监控分中心进行监控管理；监控分中心对所辖区域内的监控站进行监控管理，对监控的设备进行操作控制，并向监控中心传送设备告警等信息；监控终端通过监控分中心实现对所辖监控站的监管。

动环监控系统也可以根据实际情况，将监控中心与监控分中心合并为监控中心，此时的监控中心应具备监控分中心监控管理的所有功能。监控中心可以接入通信综合网管系统或其他系统。

4）动环监控系统设备

动环监控系统的监控中心、监控分中心设备包括数据库服务器、业务管理服务器、终端设备和网络接入设备等。监控站由现场监控采集单元、监控模块、网络通信设备、各种类型的传感器、变送器等组成。监控站在没有设置综合视频监控系统设备时，可设置视监控单元，包括图像采集、处理单元等，通信通道采用IP网络或2Mb/s专线传输方式。

5）动环监控系统功能

动环监控系统具有以下功能。

（1）整体功能：动环监控系统的功能包括对监控范围内分布的各个独立的监控对象进行遥测、遥信；实时监视系统和设备的运行状态，记录和处理相关数据；及时侦测故障，并做必要的遥控操作；适时通知人员按照上级监控系统或网管中心的要求提供相应的数据和报表，从而实现通信局（站）的少人或无人值守以及电源、空调的集中监控维护管理，提高供电系统的可靠性和通信设备的安全性。

动环监控系统的数据采集模块对监控对象（电源、空调等）进行数据采集，将采集到的数据提交运行与维护核心功能模块；核心功能模块经过数据处理，将要调控的操作命令下发到设备控制模块；设备控制模块执行调控命令，对监控对象进行调控。同时，运行维护核心功能模块将处理后的数据提交管理功能模块，并完成日常的告警处理、控制操作和规定的数据记录等工作。

管理功能模块执行管理功能，包括配置管理、故障管理、性能管理和安全管理。

（2）监控站主要功能：自动采集被监控模块、监控对象的运行参数和工作状态，进行处理、存储，主动向监控分中心上传监控数据或被动接受查询。随时接收并响应监控分中心的控制命令，通过监控模块对相应设备、监控点进行控制。

（3）监控分中心功能：对所辖监控站内设备的各类信息进行处理、存储、显示、输出，查看各种告警、测量、控制的历史记录，查看并配置系统数据等。自动和手动查询并接收各监控站设备的告警信息、性能数据，还可以接收监控中心的命令，向监控中心传送告警和状态信息。动环监控系统设有图像监控功能时，监控分中心随时浏览监控现场的视频图像，当有异常情况时，监控分中心会有告警提示，点击重要告警信息可查看相应机房的视频图像。

（4）监控中心功能：对所辖监控站内设备的告警等重要信息进行处理、存储、显示、输出，对性能参数进行存储、分析、处理、显示、生成报表、打印输出。可查看各种告警记录和性能数据，查看系统数据；还可以自动和手动查询并接收各监控分中心上传的告警信息、性能数据。当收到监控分中心传送来的告警信息时，发出告警并进行故障定位，并显示告警信息。

（5）监控终端功能：监控终端是监控中心功能的界面体现，根据授权的相应管理权限，可实现配置管理、告警管理、性能管理和安全管理功能。

6）网管软件功能

动环监控系统网管主要包含7个功能：性能管理、故障管理、配置管理、安全管理、接口管理、视频融合和辅助功能。

（1）性能管理。性能管理包括实时数据监视和系统控制，历史数据的存储、转储、查询、分析、统计，历史数据查询报表、打印及历史曲线，统计曲线的显示与打印，根据配置对数据进行筛选存储和查询。

（2）故障管理。监控站能及时监测、分析被监控对象的异常情况并上报监控中心，监控中心将告警广播至各监控终端，监控终端会以图形、声音等多种形式提示用户，并等待用户确认。同时告警信息还可以短消息的方式通知网管人员或维护人员。告警信息不仅体现在告警栏中，也显示到相应的拓扑图中。告警等级分为紧急告警、重要告警和一般告警三种，告警栏和拓扑图都可以以不同颜色显示不同级别的告警。当测试站与中心网络中断后，监测站会存储告警信息，并在网络恢复后主动向中心上报，防止网络中断期间的告警丢失。

（3）配置管理。动环监控系统可以通过组态配置方式添加、删除监控对象，配置、修改监控对象的参数。组态配置功能包括三部分：协议组态、监控量组态和图形组态。

协议组态是指智能设备通过组态协议的方式进行协议配置，不需二次开发就可以方便地添加新智能设备。

监控量组态是指系统软件可以通过监控量组态方式对任意监控量进行微调、修正，产生虚拟点，告警门限设置，告警延迟设置，告警逻辑设置等操作。

图形组态是指系统软件可以通过图形组态绘制直观的图形界面，并通过编写脚本将图形界面与后台数据相关联，直观地显示数据、告警及各种状态信息。

（4）安全管理。安全管理分为两部分：系统安全管理和机房安全管理。

系统安全管理主要是指对系统的用户、角色、权限和操作日志的管理。

机房安全管理主要是指对机房合法身份验证的管理及非法闯入的监测。通过组合门磁、红外双鉴、玻璃破碎、密码键盘等设备形成逻辑防区，动环监控系统可将防区视为逻辑整体进行统一管理，可对防区进行布防或撤防操作。

（5）接口管理。监控中心支持 YD/T 1363.2—2014 规范的 C 接口互联协议，可以接入或管理符合 C 接口协议的其他厂家动环系统。C 接口协议可以满足对系统结构、数据、告警等所有基本功能的数据交互与操作。监控中心支持 YD/T 1363.2—2014 规范的 D 接口告警协议，可与通信综合网管系统互联，将通信电源及环境监控告警信息及时上报至通信综合网管系统。

（6）视频融合。动环监控系统支持视频融合功能，可在动环监控系统中直接嵌入视频图像并与动环的监控站或设备进行关系映射，可以支持单路视频点播、多路视频轮询、远程云镜控制、远程参数管理、语音对讲控制和远程录像管理等功能。动环监控系统可根据告警联动配置规则进行对应视频画面弹出、摄像机预置位调用、照明控制、视频数据上传、中心录像等联动功能。由于在高速铁路中，一般都有独立的视频系统，因此该功能未使用，一般应用于既有线路改造项目。

（7）辅助功能。具体包括：管理分组、数据转储及备份、在线升级和数据透传。

- 管理分组：可根据用户的需求将各监控站、设备及监控量进行重新分组。

■ 数据转储及备份：可根据配置规则对历史数据进行转储和备份，防止数据丢失和数据库容量过大。

■ 在线升级：前端监控单元可根据情况实现远程在线升级，且不影响监控中心正常运行。

■ 数据透传：通过系统工具，可以远程向监控站中监控单元的串口发送数据包，从而实现远程调试智能设备的功能。

7）总控中心

总控中心是数据中心为各系统提供集中监控、指挥调度、技术支持和应急演练的平台，也可称为监控中心。

5. 综合布线系统

1）综合布线系统概述

综合布线系统是数据中心弱电系统中的基础设施，是将所有语音、数据等系统进行统一规划设计的结构化布线系统，为数据中心提供信息化和弱电的物质介质，支持语音、数据、图文、多媒体等综合应用。

在数据中心内部有多种信息传输业务需求，如语音、数据和图像等。以往在进行信息传输网布线设计时，通常要根据所使用的通信设备和业务需求而采用不同生产厂家的不同型号线缆、线缆的配线接口来传输信号，如图 2-53 所示。

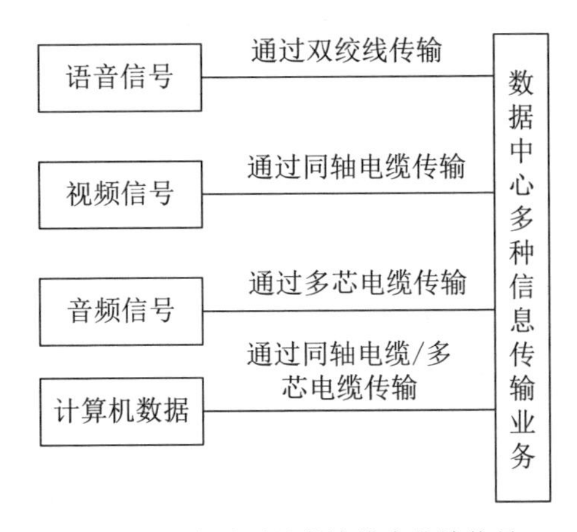

图 2-53　各种型号的线缆来传输信号

例如，用户电话交换机通常使用双绞电话线，而局域网络（LAN）则可能使用双绞线或同轴电缆，这些不同的设备使用不同的传输线来构成各自的网络；同时，连接这些不同网络的插头、插座及配线架均无法互相兼容，相互之间达不到共用的目的。由于它们彼此之间互不兼容，当建筑物内用户需要搬迁或布置设备时，需重新布置线缆，装配各种设备所需要的不同型号的插座、接头等。在这样一种传统布线网络方式下，为了完成重新布置或增加各种终端设备，必将耗费大量的资金和时间，尤其是给传输网络设备的管理和维护工作带来极大的困难。

综合布线系统应支持使用 TCP/IP 通信协议的视频安防监控系统、出入口控制系统、停车库（场）管理系统、访客对讲系统、智能卡应用系统、建筑设备管理系统、能耗计量及数据远传系统、公共广播系统、信息引导（标识）及发布系统等弱电系统的信息传输。

综合布线系统将建筑物内各方面相同或类似的信息缆线、接续构件按一定的秩序和内部关系组合成整体，几乎可以为楼宇内部的所有弱电系统服务。

2）综合布线系统的特点

综合布线系统可以满足建筑物内部及建筑物之间的所有计算机、通信及建筑物自动化系统设备的配线要求，具有开放性、兼容性、可靠性、灵活性、先进性、模块化和标准化等特点。

（1）开放性：综合布线系统采用开放式体系结构，符合各种国际上现行的标准，因此它对所有著名厂商的产品都是开放的，如计算机设备、交换机设备等，并对相应的通信协议也是支持的。

（2）兼容性：综合布线系统将语音、数据与图像及多媒体业务的设备的布线网络经过统一规划和设计，组合到一套标准的布线系统中进行传输。并且将各种设备终端插头插入标准的插座。在使用时，用户可不用定义某个工作区的信息插座的具体应用，只把某种终端设备（如个人计算机、电话、视频设备等）插入这个信息插座，然后在电信间和设备间的配线设备上做相应的接线操作，这个终端就被接入各自的系统中了。

（3）可靠性：综合布线系统采用高品质的材料和组合的方式构成了一套高标准的信息传输通道。所有线槽和相关连接件均通过 ISO 认证，每条通道都要采用专用仪器测试以保证其电气性能。应用系统布线全部采用点到点端接，任何一条链路故障均不影响其他链路的运行，这就为链路的运行维护及故障检修提供了方便，从而保障了应用系统的可靠运行。

（4）灵活性：综合布线系统采用标准的传输缆线和相关连接硬件，模块化设计，因此，所有通道都是通用与共享的，设备的开通及更改均不需要改变布线，只需增减相应的应用设备以及在配线架上进行必要的跳线管理即可。另外，组网也可灵活多样，甚至在同一房间为用户组织信息流提供了必要条件。

（5）先进性：综合布线系统采用光纤与双绞线电缆混合布线方式，极为合理地构成一套完整的布线。所有布线均符合国标，采用 8 芯双绞线，带宽可达 16 ～ 600MHz。根据用户的要求可把光纤引到桌面。适用于 100Mb/s 以太网、155Mb/s ATM 网、千兆位以太网和万兆位以太网，并完全具有适应未来的语音、数据、图像、多媒体对传输的带宽要求。

（6）模块化：综合布线系统中除去固定于建筑物内的水平缆线外，其余所有的设备都应当是可任意更换插拔的标准组件，以方便使用、管理和扩充。

（7）标准化：综合布线系统要采用和支持各种相关技术的国际标准、国家标准及行业标准，使得作为基础设施的综合布线系统不仅能支持现在的各种应用，还能适应未来的技术发展。

3）综合布线系统的组成

目前在国内，对于综合布线系统的组成及各子系统组成说法不一，甚至在国内标准中也不一样。如在国家标准《综合布线系统工程设计规范》（GB/T 50311—2016）中将综合布线系统分为工作区、配线子系统、干线子系统、建筑群子系统、设备间、进线间和管理系统 7 部分，而在通信行业标准《大楼通信综合布线系统第一部分：总规范》（YD/T 926.1—2009）规定综合布线系统由建筑群主干布线子系统、建筑物主干布线子系统和水平布线子系统 3 个布线子系统构成。工作区布线因是非永久性的布线方式，由用户在使用前随时布线，在工程设计和安装施工中一般不列在内，所以不包括在综合布线系统工程中。

上述两种标准有明显的差别。其主要原因在于目前综合布线系统的产品和工程设计以及安装施工中所遵循的标准有两种：一种是国际标准化组织 / 国际电工委员会标准《信息技术——用户房屋综合布线系统》（ISO/IEC 11801）；另一种是美国标准《商用建筑电信布线标准》（ANSI/TIA/EIA 568）。我国按照国际标准制定了《大楼通信综合布线系统第一部分：总规范》（YD/T 926.1—2009），按照美国标准制定了《综合布线系统工程设计规范》（GB/T 50311—2016）。国际标准将综合布线系统划分为建筑群主干布线子系统、建筑物主干布线子系统和水平布线子系统 3 部分。美国国家标准把综合布线系统划分为建筑群子系统、干线子系统、配线子系统、设备间子系统、管理子系统和工作区子系统，共 6 个独立的子系统。

我国通常将通信线路和接续设备组成完整的系统或完整的子系统，划分界限极为明确，这样有利于设计、施工和维护管理。如按美国国家标准将设备间子系统和管理子系统与干线子系统和配线子系统分离，会造成系统性不够明确、界限划分不清而出现支离破碎的情况，给具体工作带来不便，尤其在工程设计、安装施工和维护管理工作中产生难以划分清楚的问题。例如，管理子系统本身不能成为子系统，它分散在各个接续设备上负责缆线连接管理工作，而不能形成一个较为集中体现、具有系统性的有机整体；设备间本身是一个专用房间名称，不是综合布线系统本身固有的组成部分。

《综合布线系统工程设计规范》（GB/T 50311—2016）和《大楼通信综合布线系统第一部分：总规范》（YD/T 926.1—2009）都明确了综合布线系统由 3 个子系统为基本组成，但在《综合布线系统工程设计规范》（GB/T 50311—2016）中是 3 个子系统和 7 个部分同时存在。

综合布线系统如图 2-54 所示，采用模块化结构。按照每个模块的作用，依照国家标准《综合布线系统工程设计规范》（GB/T 50311—2016），园区网综合布线系统应按以下 7 个部分进行设计。

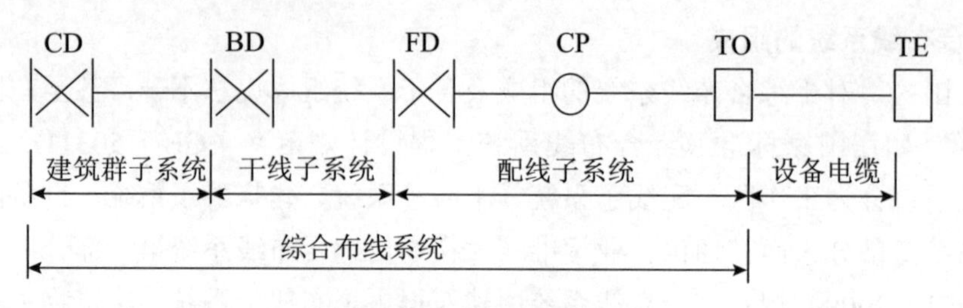

图 2-54　综合布线系统示意图

（1）工作区。工作区是包括办公室、写字间、作业间、机房等需要电话、计算机或其他终端设备（Terminal Equipment，TE）（如网络打印机、网络摄像头、监视器、各种传感器件等）设施的区域或相应设备的统称。

工作区由终端设备至信息插座（Telecommunication Outlet，TO）的连接器件组成，包括跳线、连接器或适配器等，实现用户终端与网络的有效连接。工作区子系统的布线一般是非永久的，用户根据工作需要可以随时移动、增加或减少布线，既便于连接，也易于管理。

根据标准的综合布线设计，每个信息插座旁边要求有一个单相电源插座以备计算机或其他有源设备使用，且信息插座与电源插座的间距不得小于 20cm。

（2）配线子系统。配线子系统应由工作区的信息插座模块、信息插座模块至电信间配线设备（楼层配线设备 Floor Distributor，FD）的配线电缆和光缆、电信间的配线设备及设备缆线和跳线等组成。

配线子系统通常采用星状网络拓扑结构。它以电信间楼层配线架（FD）为主节点，各工作区信息插座为分节点，二者之间采用独立的线路相互连接，形成以 FD 为中心向工作区信息插座辐射的星状网络。

配线子系统的水平电缆、水平光缆宜从电信间的楼层配线架直接连接到通信引出端（信息插座）。

在楼层配线架和每个通信引出端之间允许有一个转接点。进入和接出转接点的电缆线对或光纤芯数一般不变化，应按 1∶1 连接以保持对应关系。转接点处的所有电缆、光缆应做机械终端。转接点只包括无源连接硬件，应用设备不应在这里连接。

配线子系统通常由超 5 类、6 类、6A 类 4 对非屏蔽双绞线组成，由工作区的信息插座连接至本层电信间的配线柜内。当然，根据传输速率或传输距离的需要，也可以采用多模光纤。配线子系统应当按楼层各工作区的要求设置信息插座的数量和位置，设计并布放相应数量的水平线路。通常，在工程实践中，配线子系统的管路或槽道的设计与施工最好与建筑物同步进行。

（3）干线子系统。干线子系统（又称建筑物主干布线子系统、垂直子系统）是指从建筑物配线架（Building Distributor，BD）（设备间）至楼层配线架（电信间）之间的缆线及配套设施组成的系统。该子系统包括屋内的建筑物主干电缆、主干光缆及其在建筑物配线架和楼层配线架上的机械终端和建筑物配线架上的设备缆线和跳线。

建筑物主干电缆、主干光缆终端应直接连接到有关的楼层配线架，中间不应有转接点和接头。

在通常情况下，语音电缆通常可采用大对数电缆；数据电缆可采用超5类或6类、6A类双绞线电缆。如果考虑可扩展性或更高传输速率等，则应当采用光缆。干线子系统的主干缆线通常敷设在专用的上升管路或电缆竖井内。

（4）建筑群子系统。大中型网络中都拥有多幢建筑物，建筑群子系统用于实现建筑物之间的各种通信。建筑群子系统（Campus Subsystem）（又称建筑群主干布线子系统），是指建筑物之间使用传输介质（电缆或光缆）和各种支持设备（如配线架、交换机）连接在一起，构成一个完整的系统，从而实现语音、数据、图像或监控等信号的传输。建筑群子系统包括建筑物之间的主干布线及建筑物中的引入口设备，由楼群配线架（Campus Distributor，CD）及其他建筑物的楼宇配线架之间的缆线及配套设施组成。

建筑群子系统的主干缆线采用多模或单模光缆，或者大对数双绞线，既可采用地下管道敷设方式，也可采用悬挂方式。缆线的两端分别是两幢建筑的设备间中建筑群配线架的接续设备。在建筑群环境中，除了需在某个建筑物内建立一个主设备间外，还应在其他建筑物内都配一个中间设备间（通常和电信间合并）。

（5）设备间。设备间是在每幢建筑物的适当地点进行网络管理和信息交换的场地。对于综合布线系统工程设计，设备间主要安装建筑物配线设备、电话交换机、计算机主机设备及入口设施，也可与配线设备安装在一起。

设备间是一个安放共用通信装置的场所，是通信设施、配线设备所在地，也是线路管理的集中点。设备间子系统由引入建筑的缆线、各个公共设备（如计算机主机、各种控制系统、网络互联设备、监控设备）和其他连接设备（如主配线架）等组成，把建筑物内公共系统需要相互连接的各种不同设备集中连接在一起，完成各个楼层配线子系统之间的通信线路的调配、连接和测试，并建立与其他建筑物的连接，从而形成对外传输的路径。

（6）进线间。进线间是建筑物外部信息通信网络管线的入口部位，并可作为入口设施和建筑群配线设备的安装场地。

（7）管理系统。管理是指针对布线系统工程的技术文档及工作区、电信间、设备间、进线间的配线设备、缆线、信息插座模块等设施按一定的模式进行标识、记录，内容包括管理方式、标识、色标、连接等。这些内容的实施，将给今后维护和管理带来很大的便利，有利于提高管理水平和工作效率。特别是较为复杂的综合布线系统，如采用计算机，其效果将十分明显。

2.4 消防系统

2.4.1 数据中心消防系统的概念

数据中心消防系统是指安装在数据中心机房内的消防系统，用以扑灭发生在数据中心机房内初起的火灾的设施系统。它主要有室内消火栓系统、自动喷水消防系统、水雾灭火系统、泡沫灭火系统、二氧化碳灭火系统、七氟丙烷灭火系统、干粉灭火系统等。根据火灾统计资料证明，安装室内消防系统是有效的和必要的安全措施。

2.4.2 火灾自动报警及联动灭火系统的工作原理

火灾自动报警及联动灭火系统是对建筑物内火灾进行监测、控制、报警、扑救的系统。当数据中心某一现场着火时，各种对光、温、烟、红外线等反应灵敏的自动触发器件（包括火灾探测器、压力开关等），将现场检测到的实际状态信息（烟气、温度、火光等）以电流或开关信号形式立即送到报警器，报警器将这些信息与现场正常状态进行比较，若确认已着火或即将着火，则输出两路信号：一路指令声光显示器动作，发出音响报警，并显示火灾位置，同时记录时间，通知火灾紧急广播，火灾专用电话消防报警等；另一路指令设于现场的执行机构，开启各种消防设备，如喷水、喷射灭火剂、启动排烟机、关闭防火门等。警报装置是在确认火灾后，用警铃、警笛、高音喇叭等音响设备自动或手动向外界通报火灾发生，供疏散人群和向消防队报警等用。

2.4.3 消防系统分类

1. 室内消防系统

数据中心是低层或多层建筑物，其室内安装消火栓给水系统，一般用于扑灭数据中心内初起的火灾，扑灭大火则主要依靠室外消防给水系统。高度超过 24m 的数据中心，使用一般消防车救火已极困难，因此，其室内消火栓给水系统应具有扑救大火的能力。

室内消火栓箱内一般设有水枪、水带等。为扑救初起火灾，水枪流量一般按两支水枪同时出水，每支水枪的平均用水量约按 5L/s 计算。高层数据中心室内消防水量，一般按室外消防用水量计算；高度在 50m 以上的高层公共建筑的室内消防水量应大于室外消防水量。

2. 自动喷水灭火系统

自动喷水灭火系统是一种固定式自动灭火设备。当发生火灾时，吊顶下的喷头被加热到一定温度（一般为 72℃，高温场所为 141℃）就会自动喷水灭火。喷头有闭式和开式两种。

（1）闭式喷头：当室温升到一定温度，闭式喷头的控制器就会作出反应（如易熔合金熔化或玻璃球阀爆炸），打开喷水器喷口的密封盖，喷水灭火。

（2）开式喷头：喷水器的喷口是敞开的。喷水由装在管道上的控制阀门控制。火灾时控制阀自动开启，装在系统上的喷头一起洒水灭火，故又称雨淋系统。

一般建筑多采用闭式喷头；剧场舞台上部、电视演播室和堆放易燃物品的库房等处则宜采用开式喷头。

3. 水雾灭火系统

扑救电气火灾、油类火灾等可采用固定式的水雾消防系统。火灾时由火警探测器或人工控制的水雾喷头喷出水雾，起冷却、窒息和乳化油液的作用，控制和扑灭火灾。

4. 泡沫灭火系统

泡沫灭火系统使用泡沫灭火剂灭火，主要用于扑救石油和石油产品等油类火灾。其灭火原理是：泡沫将燃烧液面完全覆盖起来，使燃烧物不能接触燃烧所必需的空气；泡沫中包裹的水还能冷却油的表面。常用的泡沫有空气泡沫和化学泡沫两种，空气泡沫较化学泡沫操作起来简单，容易管理，灭火速度快，设备费用低，逐步取得优势。空气泡沫系统有固定式和移动式两种。

5. 二氧化碳灭火系统

二氧化碳灭火系统使用二氧化碳灭火。二氧化碳一般以高压压入高压容器内，以液态储存，火灾时从容器内放出并在燃烧物周围气化。二氧化碳气体使空气中氧的浓度下降，以窒息方式灭火，所吸收的气化热也起冷却灭火作用。由于这种系统灭火迅速，不腐蚀金属，绝缘性能好，灭火后不留痕迹，因此适用于书库、地下车库、变压器间、通信机房等封闭房间。这种系统按设置方式分固定式和移动式两种。手持式二氧化碳灭火器如图 2-55 所示。

图 2-55　手持式二氧化碳灭火器

6. 七氟丙烷灭火系统

七氟丙烷灭火系统使用七氟丙烷灭火。七氟丙烷灭火剂的灭火原理主要是对燃烧反应起化学抑制作用，属于低毒高效灭火剂。这种系统除了具有二氧化碳灭火系统所具有的稳定理化性能外，还有可以低压储存及灭火效率高的优点。七氟丙烷灭火系统的设置方式、起动方式均与二氧化碳灭火系统大致相同，适用的防火对象则完全相同。七氟丙烷灭火系统如图 2-56 所示。

图 2-56　七氟丙烷灭火系统

7. 干粉灭火系统

干粉灭火剂是用于灭火的干燥且易于流动的微细粉末，由具有灭火效能的无机盐和少量的添加剂经干燥、粉碎、混合而成。干粉灭火剂的结晶会在火焰作用下被破坏并形成新的化学物质以窒息作用灭火。同时，干粉在分解过程中要大量吸热使火区温度迅速下降，可使液体燃料和液化气体的气化速度下降，从而控制住火灾。因此干粉灭火剂特别适合于扑救液体燃料和液化燃气造成的火灾。它是一种在消防中得到广泛应用的灭火剂，且主要用于灭火器中。除扑救金属火灾的专用干粉化学灭火剂外，干粉灭火剂一般分为 BC 干粉灭火剂（碳酸氢钠等）和 ABC 干粉（磷酸铵盐等）两大类。干粉灭火器的灭火原理如下。

①靠干粉中的无机盐的挥发性分解物，与燃烧过程中所产生的自由基或活性基团发生化学抑制和负催化作用，使燃烧的链反应中断而灭火。

②靠干粉的粉末落在可燃物表面发生化学反应，并在高温作用下形成一层玻璃状覆盖层，从而隔绝氧，进而窒息灭火。另外，还有部分稀释氧和冷却的作用。

干粉灭火器按灭火剂类型可分为 ABC 类和 BC 类二种。按操作方式分手提式干粉灭火器和推车式干粉灭火器。按充装干粉灭火剂的颗粒大小分为普通干粉灭火器和超细干粉灭火器。

干粉灭火器的灭火化学方程式：$NaOH+AlCl_3+2NaHCO_3 = Al(OH)_3\downarrow+2CO_2\uparrow+3NaCl$。

干粉灭火系统的启动方式有与火警探测器相联自动启动和手动启动两种。与二氧化碳灭火比较，干粉灭火的缺点是设备费用较高，灭火后的善后工作量较大。手持式干粉灭火器如图 2-57 所示。

图 2-57　手持式干粉灭火器

第3章　运维管理人才需求分析

3.1　运维管理人才需求情况

由于新基建的提出，国家对于数据中心、智能计算中心为代表的算力基础设施将在原有的基础上加大投入，需要大量的基础设施运维人才，给原本低迷的人才市场，带来空前的繁荣。但人才不是一天就能培养的，需要时间和加大培训力度。在可见的未来，基础设施运维人才需求量大，而市场可提供的人才远远不能满足要求，薪资增长力度较大。

智联招聘人才发展报告显示，我国新基建核心技术人才缺口长期存在；

腾云大学（TalkingData University，TDU）研究显示，中国数据基础设施运维人才缺口将达200万；

职友集数据显示，目前大数据产业相关工作的日招聘量为3万多条。

在大数据、云计算、物联网等迅猛发展的今天，随着数据中心建设的规模不断扩大，新技术的层出不穷，数据中心自身已经变得越来越复杂，其运维工作需要具备方方面面的知识。数据中心基础设施的运行与维护的难度、工作量也随之加大，特别是面对不断扩充和升级的数据中心，基础设施安全、稳定地运行做为数据中心业务系统基础环境保障显得日益重要，因此对数据中心基础设施运行维护水平提出了更高的要求。某数据中心的总控中心（Enterprise Command Center，ECC）如图3-1所示。

图3-1　某数据中心的总控中心（ECC）实景

当前的数据中心基础设施运维一方面对技术人才要求越来越高，另一方面市场上缺少大量数据中心运维人才，解决此矛盾的办法只有一个，就是通过教育培养出一大批满足市场需求的运维人才。培养运维人才应主动作为，注重发挥教育和培训优势，重视基础性人才培养。目前，某些基础学科人才的教育仍存在短板。尤其是在所谓热门专业的功利驱使下，一些高校热衷于发展热门专业，忽视了基础学科建设和相关人才培养。在大环境影响下，报考基础专业的学生数量不多，这个局面应当改变。一方面是新基建需要大量基础性人才，另一方面是基础性人才培养力度不够，这样的人才缺口必须尽快补上。专业人才是新基建发展的基石，也是自主创新的支撑。缺少基础性人才，产业发展就难以跟上时代前进的步伐。企业应发挥好用人主体作用，通过“师带徒”、开展专业培训等方式，加大职工培训力度，让职工学技能、长技能，更好地适应产业发展的需要。新基建蓬勃发展，将会产生新的市场需求和源源不断的新岗位。期盼人才培养按下快进键，更多人才投身新基建，助力产业发展。

3.2 运维岗位所需技能

数据中心运维岗位至少需要以下技能。

（1）电气系统运行与维护所需专业技能：至少应掌握变压器、柴油发电机、UPS、蓄电池等系统的运行维护技术、自动控制运行原理和技术；熟悉整定值设定原则，懂得谐波的产生和抑制，能审核改造变更方案，发现潜在风险，供配电应急操作规范，能判断故障并提出维修方案。

（2）空调暖通系统运行与维护所需专业技能：至少应具备焓湿图读图能力，熟悉各种制冷剂特性，能判断部件故障，具备气流组织管理、参数调整、管线测量、给排水、电气工程等方面的技能。

（3）弱电系统运行与维护所需专业技能：至少应掌握弱电系统硬件故障维修、软件故障恢复、数据库技术、查找软件 bug、编写功能开发需求书等技能。

（4）信息安全技术知识：至少应熟悉新颁布的《中华人民共和国网络安全法》，熟悉安全协议和安全机制，懂得预防信息泄露，熟悉加解密技术，能防止 DDoS 攻击。

（5）消防系统运行与维护所需专业技能：应掌握各类灭火剂特性，熟知电气火灾特点及数据中心防火要求、气体灭火消防系统的结构及原理、现场救援技能。

（6）综合管理技能：既要懂技术又要懂管理。数据中心管理内容主要有人员管理、流程管理、资源管理、运行管理等几个大项，需要掌握的技能至少要有专业技术、人员管理。

3.3 运维人才分级

3.3.1 专业人员分级

一个稍具规模的数据中心，其运维人员分级一般如下。

- 电气专业：供配电值班巡检员、供配电系统维护保养维修工程师、供配电主管工程师。
- 暖通空调专业：暖通巡检员、空调暖通维护保养维修工程师、暖通主管工程师。
- 弱电系统专业：弱电系统维修工程师、主管工程师。
- 消防专业：中控值班员、消防设施维修工程师、弱电系统主管工程师。

3.3.2 人员职责

数据中心基础设施运维各级人员职责具体如下。

1. 项目经理

项目经理职责包括：

（1）负责整个运维团队工作，组织协调本运维团队的值班、巡检、维护保养、培训及训练等日常运维。

（2）对本数据中心各专业设施设备运行状态进行查看了解，对运行维护工作执行情况进行监督检查。

（3）及时处置发现的风险和安全隐患，确保数据中心机房安全。

（4）负责与甲方或用户协调沟通，理解其工作要求、意图，并在管理团队中贯彻执行。

2. 主管工程师

主管工程师职责包括：

（1）安排运维团队的值班、巡检、维护保养、培训及训练等日常运维工作。

（2）对本数据中心相应专业设施设备运行状态进行查看了解，对运行维护工作执行情况进行监督检查汇报。

（3）及时处置发现的风险和安全隐患，确保数据中心机房安全。

3. 维护保养维修工程师

维护保养维修工程师职责包括：

（1）执行运维团队的维护保养、培训及训练等日常运维工作。

（2）对本数据中心相应专业设施设备运行状态进行查看了解，对运行维护工作执行情况进行监督检查汇报，及时处置发现的风险和安全隐患，确保数据中心机房安全。

4. 巡检员

巡检员职责包括：

（1）执行运维团队的值班、巡检、维护保养、培训及训练等日常运维工作。

（2）对本数据中心相应专业设施设备运行状态进行查看了解，对运行维护工作执行情况进行日常检查汇报。

（3）日常巡检过程中，及时发现风险和安全隐患，确保数据中心机房安全。

3.3.3 某数据中心对基础设施运维的岗位要求

1. 电气系统

1）项目经理

项目经理岗位要求如下。

（1）电气相关专业，大专及以上学历。

（2）中级职称或项目管理类同等级别资质。

（3）具备8年（含）以上大中型机房基础设施运维团队管理经验。

（4）熟悉供配电系统运行方式，现场处理问题经验丰富，具有独立解决现场问题及应急突发事件处置能力。

（5）熟悉相关法律法规与行业规范、技术标准、安全要求。

（6）现场处理问题经验丰富，具有独立解决现场问题及应急突发事件处置能力。

（7）对自动控制、监控系统与空调暖通系统有一定了解。

（8）沟通协调能力突出。

2）供配电主管工程师

供配电主管工程师岗位要求如下。

（1）电气相关专业，大专及以上学历。

（2）具备5年以上供配电行业系统实施或运行经验，其中2年以上大中型机房的供配电系统设计、建设及运维工作经验。

（3）具备供配电设备运行的相关知识，熟悉电气设备工作性能、操作方法。

（4）熟悉供配电站相关规章制度，具有相当的供配电站运行维护经验，有一定的现场问题解决能力以及应急事件处置能力。

（5）熟练使用日常办公软件，如：Office、AutoCAD等。

（6）具有电气相关专业中级职称或电气职业资格技师及以上证书。

（7）持有高压电工证。

3）供配电系统维护保养维修工程师

供配电系统维护保养维修工程师岗位要求如下。

（1）电气相关专业，大专及以上学历。

（2）具备3年以上大中型机房各类供配电设备检修、试验、维护保养经验。

（3）精通变压器、高低压柜等设备的检修、电气试验、继电保护以及故障处理，熟悉柴油发电机的维护、保养。

（4）动手能力强，有相关技能证书者优先。

（5）持有高压电工证。

4）供配电值班巡检员

供配电值班巡检员岗位要求如下。

（1）电气及相关专业中等职业教育及以上学历人员须占比90%以上。

（2）具备3年以上供配电行业工作经验。

（3）具备供配电设备运行的相关知识，熟悉电气设备工作性能、操作方法，能完成供配电设备、柴油发电机及UPS的日常巡视、检查、记录、操作工作。

（4）熟悉变配电室倒闸操作制度、安全管理制度。

（5）持有高压电工证。

（6）熟练操作Windows系统及日常办公软件。

2. 暖通系统

1）暖通项目经理

暖通项目经理岗位要求如下。

（1）大专及以上学历。

（2）8年（含）以上空调暖通行业从业经验；5年或以上不低于数据中心级别用户的空调系统设计、建设或运维工作经验，其中2年或以上空调项目主管或更高级别的管理经验；数据中心规模不应低于GB 50174—2017规定的A类机房，且用于安装IT设备的面积应大于5000m²。对于已具有本项目范围内现场服务相关经验的人员，经甲方认可后，可放宽本条中对工作经验的要求。

（3）熟悉数据中心相关行业规范、技术标准、安全要求。

（4）精通数据中心制冷相关技术规范，熟悉冷水机组、暖通管网系统的设计及操作规范，具备常规故障诊断能力。

（5）对机房供配电、空调暖通弱电监控系统、IT信息系统软硬件以及网络系统有一定了解，沟通协调能力突出。

2）暖通主管工程师

暖通主管工程师岗位要求如下。

（1）大专及以上学历或具有暖通专业中级职称或同等级资质。

（2）具有安监局核发的特种作业操作证，且作业类别为制冷与空调作业或电工作业。

（3）5年（含）以上空调暖通行业工作经验；3年或以上不低于数据中心级别用户的暖通空调系统设计、建设或运维工作经验；其中从事过GB 50174—2017规定的A类数据中心运维，且用于安置IT设备的面积大于5000m² 的人员数量，不得低于本岗位人员的50%。对于已具有本项目范围内现场服务相关经验的人员，经甲方认可后，可放宽本条中对工作经验的要求。

（4）熟悉冷水机组及暖通管网系统的设计及操作规范，熟悉制冷系统各设备的检修流程。

（5）熟悉生产安全规程及操作保护规程。

3）空调暖通维护保养维修工程师

空调暖通维护保养维修工程师岗位要求如下。

（1）暖通及相关专业中等职业教育及以上学历或具有暖通专业中级职称或同等级资质。

（2）具有安监局核发的特种作业操作证，且作业类别为制冷与空调作业或电工作业。

（3）3年（含）以上空调暖通设备维修经验。

（4）具有5年或以上本项目涉及的设备检修、试验、维护保养经验的人员占比不低于20%。对于已具有本项目范围内现场服务相关经验的人员，经甲方认可后，可放宽第3条、第4条中对工作经验的要求。

4）暖通巡检员

暖通巡检员岗位要求如下。

（1）暖通及相关专业中等职业教育及以上学历人员须占比90%以上。

（2）具有安监局核发的特种作业操作证，且作业类别为：制冷与空调作业或电工作业。

（3）熟悉冷冻水机组、水泵、精密空调等设备及制冷系统工作原理。

（4）具备1年或以上数据中心工作经验的人员占比不低于20%。

（5）工作认真、细致，具有强烈的责任心。

3. 弱电系统

1）动环监控主管工程师

动环监控主管工程师岗位要求如下。

（1）大专及以上学历。

（2）5年（含）以上动力环境监控系统实施、调试及运维经验，其中2年或以上不低于数据中心级别用户的供配电及空调暖通相关监控系统设计、建设及运维工作经验。

（3）熟悉动环监控系统架构、工作原理，以及前端各类仪器、仪表功能实现，了解动环监控系统运行状态、事故告警信息等。

（4）熟悉OPC、BACnet、Modbus、PROFIBUS、TCP/IP等相关通信协议，以及PLC、DDC等自动化控制技术。

（5）了解数据采集、网络传输、数据存储及分析软件，逻辑思维能力强，具有一定的协调沟通能力。

2）弱电系统主管工程师

弱电系统主管工程师岗位要求如下。

（1）本科及以上学历。

（2）5年（含）以上应用系统软硬件平台、网络平台设计、建设或运维工作经验。

（3）熟悉TCP/IP、SNMP、VPDN、VLAN、QoS、RAID等协议，熟练掌握主流交换机、防火墙等网络设备配置和维护技能，包括但不限于锐捷、华为、思科产品设备以及西门子工业交换机等。

（4）熟练掌握主流服务器、操作系统、数据库的操作维护技能，包括但不限于IBM、HP、DELL、华为服务器、存储设备，Windows、Linux操作系统，SQL、Oracle（甲骨文）数据库，VMware虚拟化平台等。

（5）具备对应用系统及网络平台实施风险评估、健康检查、故障排除、性能优化等工作经验和实际操作能力。

（6）了解云计算、虚拟化、大数据等先进技术，逻辑思维能力强，具有一定的协调沟通能力。

4. 消防系统

1）消防主管工程师

消防主管工程师岗位要求如下。

（1）消防技术咨询与消防安全评估。

（2）消防安全管理与技术培训。

（3）消防设施检测与维护。

（4）消防安全监测与检查。

（5）火灾事故技术分析。

（6）公安部规定的其他消防安全技术工作。

2）消防设施维修工程师

消防设施维修工程师岗位要求如下。

（1）负责建立健全消防管理等各项安全管理制度，以及各类安全管理应急预案。

（2）负责消防中控室设备及值班员的监督管理，并做好值班员的组织、培训工作。

（3）负责各种消防器材及设备的定期维护和检查。

（4）负责监督检查各部门消防工作落实情况。

（5）负责建立消防保卫档案。

（6）负责对施工现场管理和检查工作的落实并了解情况及时汇报。

（7）负责定期进行全员消防安全培训。

（8）负责在一定范围内组织各部门实施消防演习。

（9）负责保证消防设施有效和可靠地工作，提前做好消防设施的年检工作。

3）消防中控员

消防中控员岗位要求如下。

（1）消防安全检查，包括定期防火检查和每日防火巡查等。

（2）消防控制室监控，包括设备状态记录与检查和处置火灾与故障报警等。

（3）建筑消防设施操作与维护，包括使用与维护灭火器材、使用与维护火灾自动报警系统、使用与维护固定灭火系统、使用与维护应急广播和消防专用电话、维护应急照明和疏散指示标志等。

第 4 章　数据中心安全管理

4.1　安全教育

4.1.1　入职安全教育

员工入职一家新企业或在企业内转岗，都要进行安全教育，通常要进行三级安全教育。三级安全教育是指对公司员工进行的公司级安全教育、项目级安全教育和班组级安全教育，是公司安全生产教育制度的基本形式。三级安全教育制度是企业安全教育的基本教育制度。企业必须对员工进行安全生产的公司级教育、项目级教育、班组级教育；对调换新工种，复工，采用新技术、新工艺、新设备、新材料的人员，必须进行新岗位、新操作方法的安全卫生教育，受教育者经考试合格后，方可上岗操作。

1. 公司级教育内容

公司级安全教育是公司层面的安全教育，是项目级教育和班组级教育的基础。公司级安全教育的内容包括以下 4 点。

（1）讲解劳动保护的意义、任务、内容和其重要性，使员工树立起“安全第一”和“安全生产人人有责”的思想。

（2）介绍公司的安全生产概况，包括公司安全工作发展史，公司生产特点，测试项目设备分布情况（重点介绍接近要害部位、特殊设备的注意事项），公司安全生产的组织。

（3）介绍《职工守则》国务院颁发的和《中华人民共和国劳动法》《中华人民共和国劳动合同法》以及企业内设置的各种警告标志和信号装置等。

（4）介绍其他企业典型事故案例和教训，抢险、救灾、救人常识以及工伤事故报告程序等。

2. 项目级教育内容

项目级安全教育是针对某个项目进行的安全教育，结合了项目上的特点。项目级安全教育的内容包括以下 4 点。

（1）项目的概况。例如测试项目设备、测试流程及其特点，测试人员组成结构、安全生产组织状况及活动情况，测试项目危险区域、有毒有害工种情况，项目劳动保护方面的规章制度和对劳动保护用品的穿戴要求和注意事项，项目事故多发部位、原因及有什么特殊规定和安全要求。项目常见事故和对典型事故案例的剖析，以及项目安全生产中的好人好事，测试项目文明生产方面的具体做法和要求。

（2）根据项目的特点介绍安全技术基础知识。例如电气设备多、起重设备多、各种油类多、现场人员多和场地比较拥挤等情况，针对不同设备，不同材料、不同场景采用不同的保护措施。要教育员工遵守劳动纪律，穿戴好防护用品，防止发生手碰伤、压伤、割伤、摔伤、化学损害伤等；工作场地应保持整洁，道路畅通；登高、临时用电、有限空间等施工要严格按照要求做好防护和安全措施。变配电站、危化学品、油库场地等，均应根据各自的特点，对员工严格进行安全技术知识教育。

（3）项目防火知识，包括防火的方针，项目易燃易爆品的情况，防火的要害部位及防火的特殊需要，消防用品放置地点，灭火器的性能、使用方法，项目消防组织情况，遇到火险如何处理等。

（4）组织员工学习安全生产文件和安全操作规程制度，并应教育新员工尊敬师傅，听从指挥，安全生产。

3. 班组级教育内容

班组级安全教育是针对某个项目每个班组进行的安全教育。班组级安全教育是最基本的安全教育，其内容包括以下 4 点。

（1）结合本班组的生产特点、作业环境、危险区域、设备状况、消防设施等，重点介绍高温、高压、易燃易爆、有毒有害、腐蚀、高空作业等方面可能导致发生事故的危险因素，交待本班组容易出事故的部位和对典型事故案例的剖析。

（2）讲解本工种的安全操作规程和岗位责任，重点讲思想上应时刻重视安全生产，自觉遵守安全操作规程，不违章作业；爱护和正确使用机器设备和工具；介绍各种安全活动以及作业环境的安全检查和交接班制度。告诉新工人出了事故或发现了事故隐患，应及时报告领导，采取措施。

（3）讲解如何正确使用劳动保护用品和文明生产的要求。要强调进入施工现场和登高作业，必须戴好安全帽、系好安全带，工作场地要整洁，道路要畅通，物件堆放要整齐等。

（4）实行安全操作示范。组织重视安全、技术熟练、富有经验的老员工进行安全操作示范，边示范、边讲解，重点讲安全操作要领，说明怎样操作是危险的，怎样操作是安全的，不遵守操作规程将会造成的严重后果。

4.1.2 安委会职责及架构

1. 数据中心安全管理委员会职责

数据中心安全管理委员会（以下简称安委会）职责包含以下 14 条。

（1）项目安委会归属公司工程管理部门管辖；在安全管理委员会主任的领导下组织制定本企业的安全管理制度、安全生产制度、安全技术规程、事故应急预案等（安委会主任审定后）的颁发和实施。

（2）贯彻国家和上级颁发的安全生产法令、法规、标准，并对执行情况进行监督检查。

（3）按规定做好特种作业人员培训考核，做好特种作业证的持续更新和复审工作。

（4）负责配合甲方组织每年 1 次的全体员工安全培训考核工作。

（5）在公司领导下，组织做好综合安全大检查以及季节性和节假日的安全大检查。

（6）编制安全管理体系文件，制定安全生产规章制度，组织实施并监督检查安全生产规章制度的落实。

（7）定期召开安全生产工作会议，分析企业安全生产动态，及时解决安全生产存在的问题，负责本项目的安全教育和考核工作。

（8）组织推广安全生产工作的先进经验，奖励先进项目和个人。

（9）组织特种人员的健康体检，预防职业病发生，参与处理工伤鉴定。

（10）审定有关设备检修、改造方案和组织编制大、中型项目的安全措施计划，并确保实施。

（11）组织按期实现安全技术措施计划和监督隐患整改工作。

（12）负责设备事故调查、统计、上报，参加有关重大事故的处理。

（13）参加事故调查，组织技术力量对事故进行技术原因分析、鉴定，提出技术上的改进措施。

（14）做好日常的安全检查和督查。总结安全检查结果，及时向上级领导汇报。

2. 数据中心安委会组织架构

数据中心安委会架构是指在一个数据中心内，一个安全组织的架构，内含安委会的组织层级，成员组成。安委会组织架构如图 4-1 所示。

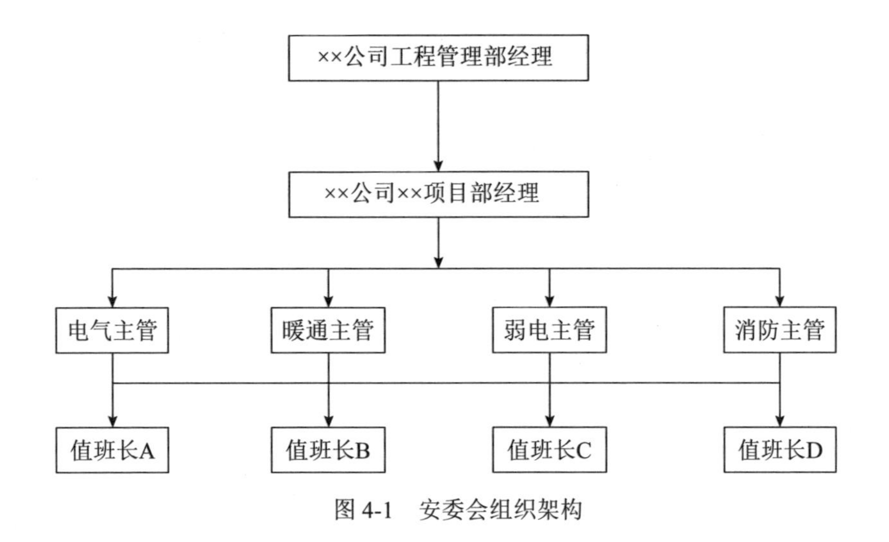

图 4-1 安委会组织架构

4.1.3 数据中心安全风险

数据中心安全风险是数据中心安全事故（事件）发生的可能性与其后果严重性的组合。

传统上，安全风险管理的方法有两种：反应性方法和前瞻性方法，各有优点与缺点。确定某一风险的优先级也有两种不同的方法：定性安全风险管理和定量安全风险管理。

1. 风险管理的方法

很多组织都通过响应一个相对较小的安全事件而引入安全风险管理。但无论最初的事件是什么，随着越来越多与安全有关的问题出现并开始影响业务，很多组织对响应一个接一个的危机感到灰心丧气。它们需要替代方法，一种能减少首次安全事件的方法。有效管理风险的组织发展了更为前瞻性的方法，但此方法也只是解决方案的一部分。

反应性方法：当一个安全事件发生时，很多 IT 专业人员感到唯一可行的就是遏制情发展，指出发生了什么事情，并尽可能快地修复受影响的系统。反应性方法是一种对已经被利用并转换为安全事件的安全风险的有效技术响应，具有一定程度的严密性，可帮助所有类型的组织更好地利用它们的资源。

前瞻性方法：与反应性方法相比，前瞻性安全风险管理有很多优点。与等待坏事情发生然后再做出响应不同，前瞻性方法首先最大程度地降低坏事情发生的可能性。

当然，组织不应完全放弃事件响应。一个有效的前瞻性方法可帮助组织显著减少将来发生安全事件的数量，但是似乎此类问题并不会完全消失。因此，组织应继续改善它们的事件响应流程，同时制定长期的前瞻性方法。

2. 安全风险的识别

风险管理的第一步是识别和评估潜在的风险领域。所谓风险领域就是风险因素的集合。风险识别是否全面齐备，是否准确，都直接影响风险评估与风险控制。以数据中心基础设施进行风险识别为例，主要包括以下 3 项内容。

（1）风险识别的对象，即在基础设施运维工作中，需要考虑哪些方面的风险事件。

（2）致使这些风险事件发生的风险因素，以及风险事件发生后造成的后果。

（3）确定各个风险事件的权重。

3. 风险级别定义

数据中心各专业设备风险级别从低到高分为 4 级，其级别由发生频率和严重程度换算而得，得分越高，风险越大。具体如下。

（1）第 1 级别分值范围 0 ～ 4 分。（风险级别★）

（2）第 2 级别分值范围 5 ～ 8 分。（风险级别★★）

（3）第 3 级别分值范围 9 ～ 12 分。（风险级别★★★）

（4）第 4 级别分值范围 13 ～ 16 分。（风险级别★★★★）

4. 风险级别梳理

各运维工作流程对基础设施影响程度或造成的直接影响，均作为“风险点”进行风险级别评价。

风险级别评价是对识别出的风险点采用故障模式及影响分析（Failare Mode and Effects Analysis，FEMA）进行风险级别评价。评价标准定义如表 4-1 所示。

表 4-1　风险级别评价标准

评估维度	定义描述	分值
风险严重性	没有任何针对性措施（如无标准作为规程（Standard Operating Procedure，SOP，等），或者有针对性措施，但无论现有措施是否有效，一旦发生将对数据中心运行造成直接、破坏性、不可挽救的影响	4
	无论现有措施是否有效，一旦发生将对数据中心运行造成直接负面影响	3
	现有措施有效，一旦风险发生，将对数据中心运行造成轻微的、但可以挽救的负面影响	2
	现有措施有效，当风险发生，不会对数据中心运行造成负面影响	1
风险可能性	没有任何针对性措施（如无 SOP 等），或者有针对性措施但很可能发生，发生概率大于 30%	4
	有针对性措施，但可能发生，发生概率大于 1%	3
	有针对性措施，并且非常少发生，发生概率小于 1%	2
	有针对性措施，而且几乎不会发生，发生概率小于 0.1%	1
风险可监测性	没有任何针对性措施（如无 SOP 等），或者有针对性措施，但无法直接监测或警示	4
	有针对性措施，可以直接监测，但无法事先警示	3
	有针对性措施，可以直接监测并且可以部分事先警示，或者同步警示	2
	有针对性措施，可以直接监测并且可以事先警示	1

（1）供配电设备风险级别梳理，如表 4-2 所示。

表 4-2　供配电设备风险级别梳理

序号	设备名称	风险类别	发生频率	严重程度	分数	风险级别
1	高压柴油发电机组	高空坠落	1	3	3	★
2		物体打击	1	2	2	★
3		化学伤害	3	1	3	★
4		触电	1	4	4	★
5		自然伤害	1	4	4	★
6		物理伤害	1	2	2	★
7		踏空	3	2	6	★★
8	高压配电柜、柴油发电机并机柜	高空坠落	1	3	3	★
9		物体打击	1	2	2	★
10		化学伤害	3	1	3	★
11		触电	1	4	4	★
12		自然伤害	1	4	4	★
13		物理伤害	1	2	2	★
14		踏空	2	2	4	★
15	柴油发电机室外油罐、日用油箱	化学伤害	3	1	3	★
16		触电	1	4	4	★
17		自然伤害	1	4	4	★
18		物理伤害	1	2	2	★
19		有限空间	4	4	16	★★★★
20		踏空	2	2	4	★
21	变压器	高空坠落	1	3	3	★
22		物体打击	1	2	2	★
23		触电	2	3	6	★★
24		自然伤害	1	4	4	★
25		物理伤害	1	2	2	★
26		踏空	2	2	4	★
27	低压配电柜	高空坠落	1	3	3	★
28		物体打击	1	2	2	★
29		触电	2	3	6	★★
30		自然伤害	1	4	4	★
31		物理伤害	1	2	2	★
32		踏空	2	2	4	★

续表

序号	设备名称	风险类别	发生频率	严重程度	分数	风险级别
33	电容补偿柜	高空坠落	1	3	3	★
34		物体打击	1	2	2	★
35		化学伤害	3	1	3	★
36		触电	2	3	6	★★
37		自然伤害	1	4	4	★
38		物理伤害	1	2	2	★
39		踏空	2	2	4	★
40	UPS	高空坠落	1	3	3	★
41		物体打击	1	2	2	★
42		化学伤害	3	1	3	★
43		触电	2	3	6	★★
44		自然伤害	1	4	4	★
45		物理伤害	1	2	2	★
46		踏空	2	2	4	★
47	蓄电池	高空坠落	1	3	3	★
48		物体打击	1	2	2	★
49		化学伤害	3	2	6	★★
50		触电	2	3	6	★★
51		物理伤害	1	2	2	★
52		踏空	2	2	4	★
53	汇流柜	高空坠落	1	3	3	★
54		物体打击	1	2	2	★
55		触电	2	3	6	★★
56		自然伤害	1	4	4	★
57		物理伤害	1	2	2	★
58		踏空	2	2	4	★
59	末端配电箱、柜	高空坠落	1	3	3	★
60		物体打击	1	2	2	★
61		化学伤害	3	1	3	★
62		触电	3	4	12	★★★
63		自然伤害	1	4	4	★
64		物理伤害	1	2	2	★
65		踏空	2	2	4	★
66	动力电缆	高空坠落	1	3	3	★
67		触电	1	4	4	★
68		自然伤害	1	4	4	★
69		物理伤害	1	2	2	★
70		踏空	2	2	4	★

续表

序号	设备名称	风险类别	发生频率	严重程度	分数	风险级别
71	密集母线	高空坠落	2	4	8	★★
72		物体打击	1	2	2	★
73		触电	2	4	8	★★
74		自然伤害	1	4	4	★
75		物理伤害	1	2	2	★
76		踏空	3	4	12	★★★
77	电缆桥架	高空坠落	3	4	12	★★★
78		物体打击	1	2	2	★
79		触电	1	4	4	★
80		自然伤害	1	4	4	★
81		物理伤害	1	2	2	★
82		踏空	3	4	12	★★★
83	柴油发电机进风风机	高空坠落	3	4	12	★★★
84		物体打击	1	2	2	★
85		触电	1	4	4	★
86		自然伤害	1	4	4	★
87		物理伤害	1	2	2	★
88		踏空	3	4	12	★★★
89	室外假负载	高空坠落	3	4	12	★★★
90		物体打击	1	2	2	★
91		触电	1	4	4	★
92		自然伤害	1	4	4	★
93		物理伤害	1	2	2	★
94		踏空	2	2	4	★
95	直流屏	高空坠落	1	3	3	★
96		物体打击	1	2	2	★
97		触电	1	4	4	★
98		自然伤害	1	4	4	★
99		物理伤害	1	2	2	★
100		踏空	1	2	2	★
101	模拟屏	触电	1	4	4	★
102		物理伤害	1	2	2	★
103	电缆夹层、电缆竖井	高空坠落	3	4	12	★★★
104		物体打击	1	2	2	★
105		触电	1	4	4	★
106		自然伤害	1	4	4	★
107		物理伤害	1	2	2	★
108		有限空间	3	4	12	★★★
109		踏空	3	4	12	★★★

续表

序号	设备名称	风险类别	发生频率	严重程度	分数	风险级别
110	办公设备	触电	2	4	8	★★
111		火灾隐患	1	4	4	★
112		物理伤害	1	2	2	★
113		易爆危害	1	4	4	★
114	巡检工具	易爆危害	1	4	4	★
115	挡鼠板	摔伤	1	2	2	★
116	漏水	摔伤	1	2	2	★
117		触电	1	4	4	★
118	专用工具	触电	1	4	4	★
119		机械伤害	2	3	6	★★
120	角磨机	机械伤害	2	3	6	★★
121		火灾隐患	4	4	16	★★★★
122	切割机	机械伤害	2	3	6	★★
123		火灾隐患	4	4	16	★★★★
124	电焊	火灾隐患	4	4	16	★★★★
125		物理伤害	1	2	2	★
126		易爆危害	2	4	8	★★
127	台钻	机械伤害	2	2	4	★
128	三脚架	机械伤害	2	4	8	★★
129	搬运	物体打击	2	2	4	★
130	脚手架	物体打击	1	4	4	★

（2）暖通专业设备风险级别梳理，如表 4-3 所示。

表 4-3　暖通专业设备风险级别梳理

序号	设备名称	风险类别	发生频率	严重程度	分数	风险级别
1	风冷冷水机组	高空坠落	1	3	3	★
2		物体打击	1	2	2	★
3		化学伤害	3	1	3	★
4		触电	2	2	4	★
5		自然伤害	3	4	12	★★★
6		物理伤害	1	2	2	★
7		踏空	3	2	6	★★
8	一次泵	触电	1	4	4	★
9		机械伤害	1	3	3	★
10		物体打击	4	2	8	★★
11	二次泵	触电	1	4	4	★
12		机械伤害	1	3	3	★
13		物体打击	1	2	2	★

续表

序号	设备名称	风险类别	发生频率	严重程度	分数	风险级别
14	水冷精密空调	触电	1	4	4	★
15		物体打击	2	1	2	★
16		机械伤害	2	3	6	★★
17		踏空	2	4	8	★★
18	列间空调	触电	1	4	4	★
19		踏空	2	4	8	★★
20		物体打击	2	1	2	★
21	蓄冷罐	高空坠落	4	4	16	★★★★
22		物体打击	1	4	4	★
23	新风机组	触电	1	4	4	★
24		机械伤害	2	3	6	★★
25		有限空间	1	3	3	★
26	组合式空调	触电	1	4	4	★
27		机械伤害	1	2	2	★
28	管网、竖井	高空坠落	3	4	12	★★★
29		有限空间	3	4	12	★★★
30		踏空	2	2	4	★
31	湿膜加湿机	触电	1	4	4	★
32		物体打击	2	1	2	★
33		踏空	2	4	8	★★
34	给排水	物体打击	1	2	2	★
35	水源热泵机组	触电	2	2	4	★
36		物理伤害	1	2	2	★
37		物体打击	1	2	2	★
38	水源热泵循环水泵	触电	1	4	4	★
39		机械伤害	1	3	3	★
40		物体打击	1	2	2	★
41	定压补水	触电	1	4	4	★
42	自动加药机	触电	1	4	4	★
43		化学伤害	3	3	6	★★
44	软化水	化学伤害	1	3	3	★
45		高空坠落	1	2	2	★
46	水冷 VRF	高空坠落	3	2	6	★★
47		物体打击	3	2	6	★★
48		踏空	1	2	2	★
49	真空脱气机	物体打击	2	1	2	★
50	风机盘管	高空坠落	3	2	6	★★
51		物体打击	2	2	4	★

续表

序号	设备名称	风险类别	发生频率	严重程度	分数	风险级别
52	风冷热泵机组	高空坠落	2	2	4	★
53		物体打击	1	1	1	★
54		触电	2	2	4	★
55		物理伤害	2	1	2	★
56	组合式新风空调机组	触电	1	4	4	★
57		机械伤害	2	2	4	★
58		有限空间	2	1	2	★
59	风冷精密空调	触电	1	4	4	★
60		物体打击	2	1	2	★
61		物理伤害	1	2	2	★
62		踏空	2	4	8	★★
63	风冷 VRF	高空坠落	2	2	4	★
64		物体打击	2	2	4	★
65		物理伤害	1	2	2	★
66	角磨机	机械伤害	2	3	6	★★
67	切割机	机械伤害	2	3	6	★★
68	电焊	火灾隐患	4	4	16	★★★★
69		物理伤害	1	2	2	★
70	气焊	火灾隐患	4	4	16	★★★★
71		物理伤害	1	2	2	★
72		易爆危害	2	4	8	★★
73	台钻	机械伤害	2	2	4	★
74	三脚架	机械伤害	2	4	8	★★
75	搬运	物体打击	2	2	4	★
76	脚手架	物体打击	1	4	4	★
国家安全生产监督管理局（简称安监局）64 号令指定危险作业部分适用类别						
77	维修改造	吊装作业			13	★★★★
78	维修改造	临时用电			12	★★★
79	维修改造	受限空间			13	★★★★
80	维修改造	盲板抽堵			13	★★★★

（3）弱电专业设备风险级别梳理，如表 4-4 所示。

表 4-4 弱电专业设备风险级别梳理

序号	设备名称	风险类别	发生频率	严重程度	分数	风险级别
1	机柜	触电	1	2	2	★
2		机械伤害	1	2	2	★
3	服务器	触电	1	2	2	★
4		物体打击	1	2	2	★
5	交换机	触电	1	2	2	★
6		物体打击	1	2	2	★

续表

序号	设备名称	风险类别	发生频率	严重程度	分数	风险级别
7	DDC 控制箱	触电	1	2	2	★
8	温湿度探测器	触电	1	2	2	★
9		高空坠落	1	3	3	★
10	氢气探测器	触电	1	2	2	★
11		高空坠落	1	3	3	★
12	空气腐蚀度探测器	触电	1	2	2	★
13		高空坠落	1	3	3	★
14	电池检测模块	触电	2	4	8	★★
15	PLC 控制柜	触电	1	2	2	★
16		机械伤害	1	2	2	★
17	通信管理机	触电	1	2	2	★
18		物体打击	1	2	2	★
19	工作站	触电	1	2	2	★
20		物体打击	1	2	2	★
21	显示器	触电	1	2	2	★
22		物体打击	1	2	2	★

（4）工作区域风险级别梳理，如表 4-5 所示。

表 4-5 风险级别梳理

序号	工作区域	风险类别	发生频率	严重程度	分数	风险级别
1	钢瓶室、柴油发电机室	高空坠落	1	3	3	★
2		物体打击	1	2	2	★
3		化学伤害	3	1	3	★
4		触电	2	2	4	★
5		自然伤害	3	4	12	★★★
6		物理伤害	1	2	2	★
7		踏空	3	2	6	★★
8	IT 包间	触电	1	4	4	★
19		物体打击	2	1	2	★
10		机械伤害	2	3	6	★★
11		踏空	2	4	8	★★
12	办公室	触电	1	4	4	★
13		踏空	2	4	8	★★
14		物体打击	2	1	2	★
15	储藏室、仓库	高空坠落	4	4	16	★★★★
16		物体打击	1	4	4	★

5. 安全风险控制

根据数据中心安全风险的特点，对安全风险进行控制，不同等级风险采取相应对策，具体如下。

（1）安全工程师对员工进行酒精检测并对精神状态、情绪、注意力进行评估，评估不合格者不可上岗，根据评估结果，建议调整工作岗位。

（2）恶劣天气（雨天、雪天、大风、雷电、极热天气）时主管工程师根据实际情况，控制楼顶作业任务，必要时上报项目组。

（3）各专业设备维护作业时，维护人员需穿戴劳保用品（绝缘防砸鞋、手套，必要时须戴安全帽、安全带），安全员做风险评估。

（4）风险级别在 4 级，作业时必须由项目安全员和主管工程师全程安全监督。

（5）风险级别在 3 级，作业时由项目安全员不定期安全监督，主管工程师全程安全监督。

（6）风险级别在 2 级，作业时由项目安全员或主管工程师定期按本制度“班组安全员岗位职责”要求频率开展安全检查工作。

（7）风险级别在 1 级，作业时主管工程师按“班组安全员岗位职责”要求频率开展安全检查工作，定期安全监督。

（8）作业人员 2 人作业时，应有互相提醒、互相照顾、互相监督、互相保证的职责。

（9）每季度由项目安全员定期检查库房劳保用品、工具安全使用性能。

（10）每年度由项目经理组织对安全控制措施根据现场实际情况进行修订。

6. 运维施工作业安全审批制度

在数据中心进行运维施工作业，需按照不同风险等级进行安全审批，具体如下。

（1）一、二级风险项目需要上报项目部当班主管工程师审批合格后，报项目安全员针对性安全交底和按制度开展现场监督。

（2）三级风险项目需要上报项目部当班主管工程师、项目安全员审批，报项目经理批准后执行，同时报甲方运维值班经理备案。

（3）四级风险项目需要上报项目部主管工程师、项目安全员、项目经理审批，安委会主任备案，项目经理报甲方运维经理批准后执行。

（4）三、四级风险作业必须由作业单位的安全、生产、技术、设备等部门（直接主管部门为主）制订翔实的安全施工方案，明确安全措施。

（5）各作业单位要填写风险作业审批表，随同施工方案一起上报。审批表 1 式 3 份，审批后分别由作业单位、运维公司、甲方处各存 1 份。

运维风险作业审批流程图如图 4-2 所示。

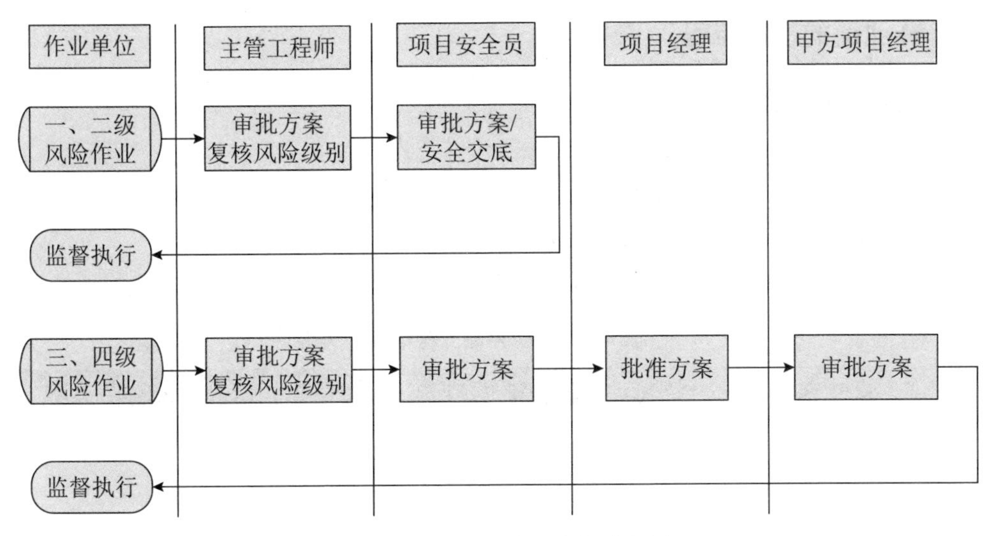

图 4-2 运维风险作业审批流程图

运维风险作业审批表如表 4-6 所示。

表 4-6 运维风险作业审批表

项目名称					
项目地点					
计划实施时间	年 月 日始 年 月 日止				
配合部门或条件					
实施内容简述					
主管工程师签字		项目安全员签字		项目经理签字	
审批意见		审批意见		审批意见	
危险级别评定					
日期		日期		日期	
安委会主任签字		甲方经理签字		甲方工程师签字	
审批意见		审批意见		审批意见	
日期		日期		日期	

注：本表格一式三份，作业单位、运维公司、甲方各一份

4.1.4 安全标准

通过建立安全生产责任制，制定安全管理制度和操作规程，排查治理隐患和监控重大危险源，建立预防机制，规范生产行为，使各生产环节符合有关安全生产法律法规和标准规范的要求，人、机、物、环境处于良好的生产状态，并持续改进，不断加强企业安全生产规范化建设。

1. 作业前的标准流程

1）安全交底内容

在作业前需进行安全交底，安全交底包括以下内容。

（1）（进场前）按照预定查验人员站队。

（2）（进场前）酒精度测试结果陈述。

（3）核对劳保用品集体穿戴情况。劳保用品穿戴情况检查表如表 4-7 所示。

表 4-7 劳保用品穿戴情况检查表

劳保用品名称	工作服	安全帽	工作鞋	胸卡或袖标	随身火种
检查结果					
纠正问题					
备注					

（4）安全交底内容及表格，如表 4-8 所示。

表 4-8 安全交底内容及表格

安全交底签字表			
序号	安全交底设备 / 区域	交底指定安全员签字	劳保和违禁用品状态检查
1			安全帽□是□否 工作服□是□否
2			手电□是□否 工作鞋□是□否
3			无火种□是□否 试电笔□是□否
4			无生病□是□否 无食品□是□否
5			对讲机□是□否 手套□是□否
6			酒精度测试合格□是□否
7			
8	工程技术人员签名	工程技术人员签名	工程技术人员签名
9			
10			
11			
12			
13			
14			
15			
安全工程师：			交底日期： 年 月 日
注：“是”代表满足安全生产所需条件，“否”代表不满足安全生产所需条件			

2）（进场前）安全重点项提示

安全重点项提示主要包括以下 4 点。

（1）进入现场要注意检查每一块静电地板，部分地板看似平稳，其实部分悬空，踩上去会踏空，所以行走时尽可能踩地板骨架位置，要有警惕性，发现有问题的地板及时告知身后其他工作人员。

（2）在机房内，打开地板前，先检查现场是否有已经打开的静电地板，应先将现场已经打开的地板恢复，再开始查验。使用地板吸时，应把要打开的静电地板表面擦干净，吸在其中央部位，提起地板时尽可能降低高度，避免吸盘吸不牢固或者高度过高造成砸伤。工作完毕要盖好地板。

（3）高压验电时必须戴绝缘手套；低压用验电笔验电时可以不戴手套。

（4）根据不同设备针对性交底。

3）（进场前）按设备安全卡交底

按设备安全卡交底包括以下6点。

（1）作业人员进入机房楼，应穿戴劳保用品，戴安全帽、穿防砸鞋，以及戴操作手套。

（2）作业人员对精密空调、供配电设备检查之前，应布置安全隔离带，防止闲杂人员进入区域导致踏空地板事故。

（3）作业人员对精密空调检查之前，应确保设备电源关闭，防止触电事故发生。

（4）作业人员应使用专用的机柜钥匙，开启机柜门。严禁使用螺丝刀等器具开启，防止造成锁孔变形。

（5）防静电地板需用地板吸开启，开启后不准拆卸地板支架，防止区域地板倒塌，对作业人员、设备造成伤害。

（6）检查冷冻水管道时，严禁踩踏支管道、管件及保温层。

4）（进场前）纪律提示

查验期间安全工程师会对现场安全工作进行检查，对于发现违章的原则性问题绝不放过。处罚的损失是最小的，如发生伤害事故是对公司、业主、员工家庭和员工自己最大的损失，所以要执行和接受安全管理，不允许抵触，否则会进行违章处理。

纪律提示包括以下6点。

（1）（进场前）交底完毕，确认作业人员都听清楚，没有疑问。

（2）（进场前）对主管工程师提交的《劳保用品穿戴情况检查表》项目进行复查后签字。

（3）（进场后）检查设备安全卡规定内容的执行情况，向项目安全员汇报到达地点信息；配合安全员检查工作。

（4）（退场后）总结安全检查过程和结果。

（5）各班组退场前自行检查核对退场人数，正确后才可离场，项目安全员不定时抽查到场人数；在同一栋机房楼同行的班组互相通报退场结果，内容为：×××，我班组人数齐全，现在退场，完毕。

（6）项目安全员监督检查分包单位的安全交底书面文件，有条件的现场监督分包单位安全技术交底。

2. 作业时的标准流程

作业时要按以下安全卡上的各项内容检查，通过后才可进行作业。

（1）巡检工作安全检查卡，如表4-9所示。

表 4-9 巡检工作安全检查卡

序号	控制项	检查内容
1	踏空风险控制	楼梯间行走，禁止使用手机，保持注意力
		楼顶巡检时禁止多次踩踏青苔、积水处
		机房内，目测地板完整度，有问题处应绕过行走
2	高空坠落风险控制	蓄冷罐处严禁贴靠墙根行走，维修时在地面立“此处维护，禁止通过”警示牌
		禁止倚靠机房楼货物吊装口卷帘门
		配电专业维护假负载时，应按规定路线行走，禁止在女儿墙附近东张西望
		配电专业巡检电缆竖井时，必须戴安全帽，系安全带，维修时在地面立“此处维护，禁止通过”警示牌
		巡检电缆桥架、密集母线时，必须戴安全帽，系安全带，维修时在地面立“此处维护，禁止通过”警示牌
3	物体打击风险控制	一次泵房巡检、弱电间巡检时，必须戴安全帽，保持专注度
		巡检电缆夹层和竖井时，必须戴安全帽，系安全带，保持专注度
		巡检电缆桥架、密集母线时，必须戴安全帽，系安全带，保持专注度
4	触电风险控制	巡检过程中禁止触摸带电设备外壳
		雷电天气，禁止楼顶作业
5	其他风险控制	经过拆卸平台，禁止习惯性踩踏货物带钉的包装木板

（2）巡检期间突发事件安全检查卡，如表 4-10 所示。

表 4-10 巡检期间突发事件安全检查卡

序号	检查内容
1	与事故点保持安全距离，防止触电
2	第一时间汇报上级领导
3	疏散现场无关人员，禁止无关人员进入事故现场
4	判断事故大小，采取处理措施
5	穿戴齐全劳保用品，带急救箱
6	现场监督，有权制止违章操作和指挥

（3）供配电设备维修维护安全检查卡，如表 4-11 所示。

表 4-11 供配电设备维修维护安全检查卡

序号	设备	检查内容
1	高压柴油发电机组	禁止未穿戴齐全劳保用品进行作业
		禁止使用不合格的绝缘靴、手套、验电器等进行作业
		禁止维修时未挂“禁止合闸，有人工作”标示牌
		禁止在转动着的发电机回路上工作，未完全停机就操作
		禁止未做任何防护进行登高作业
		焊接前将燃油容器、管道清洗干净并干燥，可拆卸零件远离危险区，方可作业
		禁止带压焊接管道，管道表压力须为 0MPa

续表

序号	设备	检查内容
1	高压柴油发电机组	禁止焊接点周围 10m 内存在易燃物品，氧气、乙炔钢瓶间隔不小于 5m，焊接点距离钢瓶不得小于 10m
		禁止大风天气楼顶动火，禁止焊接人员与持有证书不符
		禁止没有工作票操作并机柜
		操作票由操作人员填写，经批准后方可执行
		禁止一人操作。需一人操作，一人监护
		按停电—验电—放电—挂接地线顺序操作
		按操作票要求操作
		禁止让柴油发动机暴露在任何明火之下
		禁止让发电机在可燃气体被吸入进气系统的环境下运行
		禁止在发生燃油泄漏时启动柴油发电机
		启动前，确保周围没有任何人员，安装好所有保护盖与罩，确保自动关断电路正常工作，确保所有电线无擦破无松动
		禁止触摸运行中的发电机的任何部位，以免烫伤
		禁止在紧急停机后 15min 内拆卸发动机曲轴箱的盖子
		禁止徒手检查可能存在渗漏的发电机部件，禁止把控制装置当扶手使用
		维护完成后核对人数，拆除防护措施，清点维护工具，恢复现场
2	柴油发电机室外油罐及管路、日用油罐	禁止未穿戴齐全劳保用品进行作业
		禁止维修时未挂警示牌
		禁止未做任何防护进行登高作业
		焊接前将燃油容器、管道清洗干净并干燥，可拆卸零件远离危险区，方可作业
		禁止带压焊接管道，管道表压力须为 0MPa
		禁止焊接点周围 10m 内存在易燃物品，氧气、乙炔钢瓶间隔不小于 5m，焊接点距离钢瓶不得小于 10m
		禁止大风天气楼顶动火，禁止焊接人员与持有证书不符
		禁止雷电天气未经批准装卸油料
		装油泄油过程严禁其他车辆靠近
		禁止从油罐上部注入轻质油品
		禁止未释放管路压力情况下进线作业
		禁止使用绝缘材料制作的管道运输油料
		禁止使用能够碰击产生火花的工具，作业人员应先释放静电
		禁止通过拧紧接头来阻止泄漏
		禁止折弯、敲击任何高压管路
		禁止在高压柴油发电机运行时检查高压燃油管，发电机停机超过 5min 后，才可操作
		严禁装卸油过程中作业人员脱岗，不允许随意穿脱衣服、挥舞工具和搬运物品
		禁止未经专业训练人员进行检尺、测温、采样工作
		禁止灌装过程中进行检尺、测温、采样工作
		压力表的校验和维护应符合国家相关规定
		维护完成后保证人员完整，拆除防护措施，清点维护工具，恢复现场

续表

序号	设备	检查内容
3	柴油发电机进风风机	禁止未穿戴齐全劳保用品、携挂安全带灯保护工具进行作业
		禁止维修时未挂警示牌
		禁止一人操作
		禁止未做任何防护进行登高作业
		维护完成后保证人员完整，拆除防护措施，清点维护工具，恢复现场
4	高压配电柜、柴油发电机并机柜	禁止未穿戴齐全劳保用品进行作业
		禁止使用不合格的绝缘靴、手套、验电器等进行作业
		禁止维修时未挂警示牌
		禁止未遥测对地绝缘（一次回路不低于 10MΩ，二次回路不低于 2MΩ）进行合闸送电
		禁止未做任何防护进行登高作业
		禁止没有工作票操作柴油发电机并机柜
		操作票由操作人员填写，经批准后方可执行
		禁止一人操作。需一人操作，一人监护
		发生接地时，室内需离接地点 4m 以上，室外 8m 以上
		按停电—验电—放电—挂接地线顺序操作
		维护完成后保证人员完整，拆除防护措施，清点维护工具，恢复现场
5	保护装置	禁止未穿戴齐全劳保用品进行作业
		禁止使用不合格的绝缘靴、手套、验电器等进行作业
		禁止维修时未挂警示牌
		工作过程中遇到直流系统接地、断路器跳闸、阀闭锁时，应立即停止工作
		禁止不了解地点、工作范围、设备一二次情况、安全措施、实验方案等就进行操作
		禁止使用导线缠绕短路电流互感器二次绕组，应使用短路片或短路线
		禁止将回路永久地断开，禁止将回路安全接地断开
		禁止一人操作，应有专人监护
		维护完成后保证人员完整，拆除防护措施，清点维护工具，恢复现场
6	直流屏	禁止未穿戴齐全劳保用品进行作业
		禁止维修时未挂警示牌
		禁止未穿护目镜进行操作
		禁止一人操作，应有专人监护
		维护完成后保证人员完整，拆除防护措施，清点维护工具，恢复现场
7	变压器	禁止未穿戴齐全劳保用品进行作业
		禁止使用不合格的绝缘靴、手套、验电器等进行作业
		禁止维修时未挂警示牌
		维修维护时需二人，一人操作，一人监护
		禁止未遥测对地绝缘（10kV 侧不低于 300MΩ，0.4kV 侧不低于 20MΩ）进行合闸送电

续表

序号	设备	检查内容
7	变压器	禁止未做任何防护进行登高作业
		变压器受潮发生凝露，须先进行干燥处理
		维护完成后保证人员完整，拆除防护措施，清点维护工具，恢复现场
8	低压配电柜、电容补偿柜	禁止未穿戴齐全劳保用品进行作业
		禁止维修时未挂警示牌和拉隔离带
		禁止无资质人员进行高处作业
		按停电—验电—放电—挂接地线顺序操作
		禁止未遥测对地绝缘（不低于 0.5MΩ）进行合闸送电
		操作票由操作人员填写，经批准后方可执行
		禁止一人操作。需一人操作，一人监护
		发生接地时，室内需离接地点 4m 以上，室外 8m 以上
		按停电—验电—放电—挂接地线顺序操作
		在环境污染、恶劣天气、事故处理后、有缺陷设备、重大活动等情况下须加强巡视
		维护完成后保证人员完整，拆除防护措施，清点维护工具，恢复现场
9	UPS	禁止未穿戴齐全劳保用品进行作业
		禁止维修时未挂警示牌和拉隔离带
		禁止无资质人员进行高处作业
		按停电—验电—放电—挂接地线顺序操作
		禁止未按 UPS 操作指导书进行操作
		禁止整流器电压未达到设定值范围时闭合汇流柜直流开关
		禁止擅自变更 UPS 的运行状态，必要时，须经行方批准
		禁止 UPS 正常运行时，擅自打开 UPS 柜门
		所有断路器无电时，方可抽拉电路板
		禁止一人操作
		检查维护完成后保证人员完整，拆除防护措施，清点维护工具，恢复现场
10	电缆夹层、竖井	禁止未穿戴齐全劳保用品进行作业，禁止未测氧含量、有害气体而进入，氧含量不低于 2 ～ 3 级要求
		3 级环境可实施作业，1 ～ 2 级环境应不断机械通风
		禁止气体检测与人员进入时间间隔 10min 而不进行二次气体检测
		禁止维修时未挂警示牌和拉隔离带
		禁止无资质人员进行高处作业
		禁止无资质人员、无操作票进入管道内、夹层、水箱、竖井内进行操作，操作应 3 人以上进行联合作业
		禁止未确认安全情况下，进入地板下维修
		禁止一人操作
		维护完成后保证人员完整，拆除防护措施，清点维护工具，恢复现场
11	蓄电池	禁止未穿戴齐全劳保用品进行作业
		禁止未戴绝缘手套、防护镜操作
		禁止维修时未挂警示牌和拉隔离带

续表

序号	设备	检查内容
11	蓄电池	禁止未按蓄电池操作指导书进行操作
		禁止一人操作
		检查维护完成后保证人员完整，拆除防护措施，清点维护工具，恢复现场
12	汇流柜	禁止未穿戴齐全劳保用品进行作业
		禁止未戴绝缘手套、防护镜操作
		禁止维修时未挂警示牌和拉隔离带
		禁止在蓄电池充放电过程中，操作刀熔开关
		禁止未按汇流柜操作指导书进行操作
		禁止一人操作
		维护完成后保证人员完整，拆除防护措施，清点维护工具，恢复现场
13	末端配电箱、柜	禁止未穿戴齐全劳保用品进行作业
		必要时戴绝缘手套、防护镜等进行操作
		禁止维修时未挂警示牌和拉隔离带
		断开电源操作时，需在对应位置挂“禁止合闸，有人工作”警示牌
		禁止无资质人员进行高处作业
		禁止不停电工作时，不做保护就进行操作
		按停电—验电—放电—挂接地线顺序操作
		禁止使用锉刀、金属尺和带有金属物的毛刷、毛掸等工具
		作业前应分清相、零线。断开时，先断开相线，后断开零线
		禁止一人操作
		维护完成后保证人员完整，拆除防护措施，清点维护工具，恢复现场
14	动力电缆	禁止未穿戴齐全劳保用品进行作业
		禁止无资质人员进行高处作业
		做耐压实验前，加压端做好安全措施，防止人员误入；另一端设置围栏并挂上警告标识牌，如有必要安排专人看守
		禁止不经批准进行电缆试验。电缆实验前、后应充分放电
		试验时应分相进行，另两相电缆应接地
		电缆故障测试定点时，禁止直接用手触摸电缆外皮或冒烟处
		必要时停电遥测检修电缆的绝缘电阻（不低于 0.5MΩ），合格后进行合闸送电
		禁止一人操作
		维护完成后保证人员完整，拆除防护措施，清点维护工具，恢复现场
15	密集母线	禁止未穿戴齐全劳保用品进行作业
		禁止维修时未挂警示牌和拉隔离带
		禁止未戴安全帽、未系安全带进行操作
		禁止无资质人员进行高处作业
		禁止踩踏密集母线
		禁止未经测量密集母线外壳电压时进行操作
		不允许对故障母线不经检查即强行送电，以防事故扩大
		禁止未停电、验电、放电、挂接地线时操作

续表

序号	设备	检查内容
15	密集母线	禁止一人操作
		维护完成后保证人员完整，拆除防护措施，清点维护工具，恢复现场
16	电缆桥架	禁止未穿戴齐全劳保用品进行作业
		禁止维修时未挂警示牌和拉隔离带
		禁止未戴安全帽、未系安全带进行操作
		禁止无资质人员进行高处作业
		禁止未经检查桥架安全性就踩踏电缆桥架
		禁止未经测量桥架外壳电压时进行操作
		禁止一人操作
		维护完成后保证人员完整，拆除防护措施，清点维护工具，恢复现场
17	室外假负载	禁止未穿戴齐全劳保用品进行作业
		禁止维修时未挂警示牌
		禁止无资质人员进行高处作业
		禁止雷电天气未经批准进行楼顶作业
		禁止在楼裙边上东张西望
		维护完成后应对参与人员进行点名，拆除防护措施，清点维护工具，恢复现场
18	临时用电	禁止未穿戴齐全劳保用品进行作业
		禁止作业时未挂警示牌和拉隔离带，如必要须戴安全帽、系安全带进行操作
		严禁零线和相线混用，应采用 TN-S 三相五线制
		引入引出必须从箱下进出，配电箱的引出口必须加护套管，进出线排列整齐
		总配电箱、分配电箱、开关箱在现场布置合理、整齐，电线至少留有两个同时工作的空间、通道，严禁堆放其他物品
		电箱、柜必须防水、防尘、上锁，应标明名称、编号及责任人，实行专人管理和使用
		移动灯具和电动工具必须使用橡皮电缆，并且橡皮电缆不得破皮和绝缘老化
		定期进行安全用电巡查，划分责任区和责任人，及时发现和处理用电安全隐患，杜绝用电安全事故的发生
		临时用电必须按指定路由敷设电缆，电缆必须满足要求
		严禁使用花线或塑料护套线，线路不得破皮漏电、绝缘老化
19	查验期间	禁止未穿戴齐全劳保用品进行作业
		禁止作业时未挂警示牌和拉隔离带，如必要需戴安全帽、系安全带进行操作
		禁止无证进行操作，无关人员不得进入现场逗留
		敷设临时测试电缆须按照行方指定路由，电缆必须满足要求，电缆排放整齐，如时间超过 12h，电缆不得堆放地面
		假负载箱需专人操作，设专人监督
		须提前合理安排测试人员工作，不得随意串岗
		机房内不得带入水、饮料等液体
		移动灯具和电动工具必须使用橡胶电缆，并且不得破皮和绝缘老化
		定期进行安全用电巡查，划分责任区和责任人，及时发现和处理用电安全隐患，杜绝用电安全事故的发生

续表

序号	设备	检查内容
19	查验期间	严禁使用花线或塑料护套线，线路不得破皮漏电、绝缘老化
		测试完成后保证人员完整，拆除防护措施，清点维护工具，恢复现场

（4）暖通设备维修维护安全检查卡，如表 4-12 所示。

表 4-12　暖通设备维修维护安全检查卡

序号	设备	检查内容
1	风冷冷水机组	禁止未穿戴齐全劳保用品进行作业
		禁止维修时未挂警示牌
		禁止未遥测对地绝缘（不低于 2MΩ）进行合闸送电
		禁止未做任何防护进行登高作业
		禁止带压焊接管道，管道表压力须为 0MPa
		禁止焊接点周围 10m 内存在易燃物品，氧气、乙炔钢瓶间隔不小于 5m，焊接点距离钢瓶不得小于 10m
		禁止大风天气楼顶动火，禁止焊接人员与持有证书不符
		禁止雷电天气未经批准进行楼顶作业
		维护完成后保证人员完整，拆除防护措施，清点维护工具，恢复现场
2	一次泵	禁止未穿戴齐全劳保用品进行作业
		禁止维修时未挂警示牌
		禁止未遥测对地绝缘（不低于 2MΩ）进行合闸送电
		禁止未戴安全帽进入一次泵房
		禁止水泵未停止即拆装联轴器
		禁止独自拆卸管道过滤器
		维护完成后保证人数齐全，拆除防护措施，恢复现场
3	二次泵	禁止未穿戴齐全劳保用品进行作业
		禁止维修时未挂警示牌
		禁止未遥测对地绝缘（不低于 2MΩ）进行合闸送电
		禁止水泵未停止即拆装联轴器
		禁止独自拆卸管道过滤器
		维护完成后保证人员完整，拆除防护措施，清点维护工具，恢复现场
4	水冷精密空调	禁止未佩戴齐全劳保用品进行作业
		禁止维修时未挂警示牌
		禁止未遥测对地绝缘进行合闸送电
		禁止独自拆卸空调左右侧板
		禁止未停机即对风机进行维修操作
		禁止未确认安全情况下，进入地板下维修
		维护完成后保证人员完整，拆除防护措施，清点维护工具，恢复现场
5	列间空调	禁止未穿戴齐全劳保用品进行作业
		禁止维修时未挂警示牌
		禁止未遥测对地绝缘，进行合闸送电
		禁止独自拆卸空调左右侧板

续表

序号	设备	检查内容
5	列间空调	禁止未停机即对风机进行维修操作
		禁止未确认安全情况下，进入地板下维修
		维护完成后保证人员完整，拆除防护措施，清点维护工具，恢复现场
6	风冷精密空调	禁止未穿戴齐全劳保用品进行作业
		禁止维修时未挂警示牌
		禁止未遥测对地绝缘，进行合闸送电
		禁止独自拆卸空调左右侧板
		禁止带压焊接管道，管道表压力须为 0MPa
		禁止未停机即对风机进行维修操作
		禁止未确认安全情况下，进入地板下维修
		禁止独自拆装压缩机维修
		维护完成后保证人员完整，拆除防护措施，清点维护工具，恢复现场
7	蓄冷罐	禁止未穿戴齐全劳保用品进行作业
		禁止维修时未挂警示牌
		禁止无资质人员进行高处作业
		禁止沿墙根行走
		维护完成后保证人员完整，拆除防护措施，清点维护工具，恢复现场
8	新风机组	禁止未穿戴齐全劳保用品进行作业
		禁止维修时未挂警示牌，禁止无人监护独自进入机组内部
		禁止无资质人员进入舱室作业
		禁止未停机即对风机进行维修操作
		禁止未遥测对地绝缘（不低于 2MΩ）进行合闸送电
		维护完成后保证人员完整，拆除防护措施，清点维护工具，恢复现场
9	组合式空调	禁止未穿戴齐全劳保用品进行作业
		禁止维修时未挂警示牌，禁止无人监护独自进入机组
		禁止未遥测对地绝缘（不低于 2MΩ）进行合闸送电
		禁止未停机即对风机进行维修操作
		检查维护完成后保证人员完整，拆除防护措施，清点维护工具，恢复现场
10	有限空间作业管网	禁止未穿戴齐全劳保用品进行作业，禁止未测氧含量、有害气体即进入，氧含量不低于 2、3 级要求
		3 级环境可实施作业，1、2 级环境应不断机械通风
		禁止气体检测与人员进入时间间隔 10min 而不进行二次气体检测
		禁止有限空间氧浓度低于 2 级进行作业
		禁止维修时未挂警示牌
		禁止无资质人员进行高处作业
		禁止无资质人员、无操作票进入管道内、夹层、水箱、竖井内进行操作，操作应 3 人以上进行联合作业
		禁止未确认安全情况下，进入地板下维修
		维护完成后保证人员完整，拆除防护措施，清点维护工具，恢复现场

续表

序号	设备	检查内容
11	湿膜加湿机	禁止未穿戴齐全劳保用品进行作业
		禁止维修时未挂警示牌
		禁止未遥测对地绝缘（不低于 2MΩ）进行合闸送电
		禁止未停机即对风机进行维修操作
		禁止独自拆卸空调左右侧板
		禁止未确认安全情况下，进入地板下维修
		维护完成后保证人员完整，拆除防护措施，清点维护工具，恢复现场
12	给排水	禁止未穿戴齐全劳保用品进行作业
		禁止维修时未挂警示牌，禁止踩踏给水管路
		禁止未确认安全情况下，进入地板下维修
		维护完成后保证人员完整，拆除防护措施，清点维护工具，恢复现场
13	水源热泵机组	禁止未穿戴齐全劳保用品进行作业
		禁止维修时未挂警示牌
		禁止未遥测对地绝缘（不低于 2MΩ）进行合闸送电
		禁止独自拆装压缩机维修
		禁止带压焊接管道，管道表压力须为 0MPa
		禁止独自拆卸管道过滤器
		维护完成后保证人员完整，拆除防护措施，清点维护工具，恢复现场
14	水源热泵循环水泵	禁止未穿戴齐全劳保用品进行作业
		禁止维修时未挂警示牌
		禁止未遥测对地绝缘（不低于 2MΩ）进行合闸送电
		禁止水泵未停止即拆装联轴器
		禁止独自拆卸管道过滤器
		维护完成后保证人员完整，拆除防护措施，清点维护工具，恢复现场
15	定压补水	禁止未穿戴齐全劳保用品进行作业
		禁止维修时未挂警示牌，禁止私自拆卸安全阀
		禁止未遥测对地绝缘（不低于 2MΩ）进行合闸送电
		维护完成后保证人员完整，拆除防护措施，清点维护工具，恢复现场
16	自动加药机	禁止未穿戴齐全劳保用品进行作业
		禁止维修时未挂警示牌
		禁止未遥测对地绝缘，进行合闸送电
		维护完成后保证人员完整，拆除防护措施，清点维护工具，恢复现场
17	软化水	禁止未穿戴齐全劳保用品进行作业
		禁止维修时未挂警示牌
		禁止无资质人员进行高处作业
		维护完成后保证人员完整，拆除防护措施，清点维护工具，恢复现场

续表

序号	设备	检查内容
18	水冷 VRF	禁止未穿戴齐全劳保用品进行作业
		禁止维修时未挂警示牌
		禁止未遥测对地绝缘，进行合闸送电
		禁止无资质人员进行高处作业
		禁止未确认安全情况下，进入地板下维修
		禁止未停机即对风机进行维修操作
		禁止独自拆装压缩机维修
		维护完成后保证人员完整，拆除防护措施，清点维护工具，恢复现场
19	真空脱气机	禁止未穿戴齐全劳保用品进行作业
		禁止维修时未挂警示牌
		维护完成后保证人员完整，拆除防护措施，清点维护工具，恢复现场
20	风机盘管	禁止未穿戴齐全劳保用品进行作业
		禁止维修时未挂警示牌
		禁止未做任何防护进行登高作业
		维护完成后保证人员完整，拆除防护措施，清点维护工具，恢复现场
21	风冷热泵机组	禁止未穿戴齐全劳保用品进行作业
		禁止维修时未挂警示牌
		禁止未遥测对地绝缘，进行合闸送电
		禁止独自拆装压缩机维修
		禁止带压焊接管道，管道表压力须为 0MPa
		禁止独自拆卸管道过滤器
		维护完成后保证人员完整，拆除防护措施，清点维护工具，恢复现场
22	组合式新风空调机组	禁止未穿戴齐全劳保用品进行作业
		禁止维修时未挂警示牌
		禁止未遥测对地绝缘，进行合闸送电
		禁止无资质人员进入舱室作业
		禁止未停机即对风机进行维修操作
		禁止独自拆装压缩机维修
		禁止带压焊接管道
		维护完成后保证人员完整，拆除防护措施，清点维护工具，恢复现场
23	风冷 VRF	禁止未穿戴齐全劳保用品进行作业
		禁止维修时未挂警示牌
		禁止未遥测对地绝缘，进行合闸送电
		禁止未停机即对风机进行维修操作
		禁止带压焊接管道
		禁止独自拆装压缩机维修
		维护完成后保证人员完整，拆除防护措施，清点维护工具，恢复现场

（5）弱电系统设备维修维护安全检查卡，如表 4-13 所示。

表 4-13　弱电系统设备维修维护安全检查卡

序号	设备	检查内容
1	机柜	禁止未穿戴齐全劳保用品进行作业
		禁止维修时未挂警示牌
		禁止独自拆装机柜柜门侧板
		维护完成后保证人员完整，拆除防护措施，清点维护工具，恢复现场
2	服务器	禁止未穿戴齐全劳保用品进行作业
		禁止维修时未挂警示牌
		禁止独自拆装服务器
		维护完成后保证人员完整，拆除防护措施，清点维护工具，恢复现场
3	交换机	禁止未穿戴齐全劳保用品进行作业
		禁止维修时未挂警示牌
		禁止独自拆装服务器
		维护完成后保证人员完整，拆除防护措施，清点维护工具，恢复现场
4	DDC 控制箱	禁止未穿戴齐全劳保用品进行作业
		禁止维修时未挂警示牌
		维护完成后保证人员完整，拆除防护措施，清点维护工具，恢复现场
5	温湿度探测器	禁止未穿戴齐全劳保用品进行作业
		禁止维修时未挂警示牌
		禁止未做任何防护进行登高作业
		维护完成后保证人员完整，拆除防护措施，清点维护工具，恢复现场
6	氢气探测器	禁止未穿戴齐全劳保用品进行作业
		禁止维修时未挂警示牌
		禁止未做任何防护进行登高作业
		维护完成后保证人员完整，拆除防护措施，清点维护工具，恢复现场
7	空气腐蚀度探测器	禁止未穿戴齐全劳保用品进行作业
		禁止维修时未挂警示牌
		禁止未做任何防护进行登高作业
		维护完成后保证人员完整，拆除防护措施，清点维护工具，恢复现场
8	电池检测模块	禁止未穿戴齐全劳保用品进行作业
		禁止维修时未挂警示牌
		维护完成后保证人员完整，拆除防护措施，清点维护工具，恢复现场
9	PLC 控制柜	禁止未穿戴齐全劳保用品进行作业
		禁止维修时未挂警示牌
		禁止独自拆装控制柜柜门和隔板
		维护完成后保证人员完整，拆除防护措施，清点维护工具，恢复现场
10	通信管理机	禁止未穿戴齐全劳保用品进行作业
		禁止维修时未挂警示牌
		禁止独自拆装通信管理机
		维护完成后保证人员完整，拆除防护措施，清点维护工具，恢复现场

续表

序号	设备	检查内容
11	工作站	禁止未穿戴齐全劳保用品进行作业
		禁止维修时未挂警示牌
		禁止独自拆装工作站
		维护完成后保证人员完整，拆除防护措施，清点维护工具，恢复现场
12	显示器	禁止未穿戴齐全劳保用品进行作业
		禁止维修时未挂警示牌
		维护完成后保证人员完整，拆除防护措施，清点维护工具，恢复现场

（6）有限空间作业安全检查卡，如表 4-14 所示。

表 4-14　有限空间作业安全检查卡

项目	检查内容
管道夹层	1. 确认有限空间作业方案已得到甲方和安全委员会批准，检查专项安全交底记录，检查行方核发的受限空间作业许可证
	2. 确认作业班组配备通风设备到达夹层入口指定位置，作业人员穿戴防护用具待命
	3. 确认进行夹层入口和作业点位含氧量测试，氧气浓度不低于 3 级的测试应记录
	4. 确认有限空间作业监护人必须持有效证件上岗，人、证一致
	5. 确认夹层内机械加压不间断送风
	6. 确认有限空间使用照明设备铭牌上的额定电压不大于 DC 36V

（7）高空作业安全检查卡，如表 4-15 所示。

表 4-15　高空作业安全检查卡

项目	检查内容
高空作业	1. 高空作业前确认周围环境是否安全、符合标准
	2. 在高空作业前确认警戒线是否完好，无人员在施工场所下方停留
	3. 高空作业时确认现场施工人数不得少于 3 人
	4. 高空作业前确认作业人员要穿戴安全防护用具
	5. 高空作业时确认人员无任何违反操作规范的行为

（8）动火作业安全检查卡，如表 4-16 所示。

表 4-16　动火作业安全检查卡

项目	检查内容
动火作业	1. 确认现场悬挂施工方案审批结果原件或复印件
	2. 确认甲方指定的安全管理部门办理的动火作业许可证在现场悬挂
	3. 焊接作业前确认周围环境和受焊设备危险因素已排除，设立隔离措施和标示牌
	4. 确认看火人是否齐全，焊接操作工人证相符，证书真实有效，作业类别相符
	5. 确认现场灭火器材齐备
	6. 确认气候条件不存在影响安全的因素，以及预防危险的措施
	7. 确认作业动作规范性，若中途停工时安全措施须符合安全要求
	8. 焊接结束后，确认工具、危险源、火种全部处理得当

（9）易燃易爆气体钢瓶运输作业安全检查卡，如表 4-17 所示。

表 4-17 易燃易爆气体钢瓶运输作业安全检查卡

项目	检查内容
易燃易爆气体钢瓶运输作业	1. 易燃易爆物品进场前应征求安全工程师的意见，同意后方可进场
	2. 搬运易燃易爆物品时必须按指定路径运输
	3. 搬运过程中应有必要的导向标识或防护围挡措施
	4. 对装卸管理人员进行有关安全知识的培训，使其掌握危险化学品的安全知识。危险化学品的装卸作业必须在装卸管理人员的现场指挥下进行
	5. 搬运易燃易爆危险物品时要轻拿轻放，严防震动、撞击、摩擦、重压和倾倒
	6. 人力搬运易燃易爆危险物品必须使用车辆运输，以防跌倒、翻车、碰撞而发生事故
	7. 存放场所应通风良好，避免直晒，远离火源，有专人负责

（10）专业机械吊装作业安全检查卡，如表 4-18 所示。

表 4-18 专业机械吊装作业安全检查卡

项目	检查内容
专业机械吊装作业	1. 确认现场张贴起重施工方案审批结果原件或复印件
	2. 确认甲方指定的安全管理部门办理的起重作业许可证在现场悬挂
	3. 起重作业前确认周围环境和受起重影响的危险因素已排除，或已采取防护措施
	4. 确认现场具备专业指挥人，无交叉发令问题，信号明确。指挥人、操作人与证书相符，证书真实有效，作业类别相符
	5. 确认现场警戒围挡设置齐备、警示标志齐全，有专人疏导交通并配交通指示标志
	6. 确认气候条件不存在影响安全的因素，以及预防危险的措施。风力 6 级或以上必须停止作业，严格执行“十不吊”（超载或被吊物重量不清不吊；指挥信号不明确不吊；捆绑、吊挂不牢或不平衡，可能引起滑动时不吊；被吊物上有人或浮置物时不吊；结构或零部件有影响安全工作的缺陷或损伤时不吊；遇有拉力不清的埋置物件时不吊。工作场地昏暗，无法看清场地、被吊物和指挥信号时不吊；被吊物棱角处与捆绑钢绳间未加衬垫时不吊；歪拉斜吊重物时不吊；容器内装的物品过满时不吊。）
	7. 作业中途停工时确认安全措施符合安全要求
	8. 起重作业结束，现场清理彻底，无妨碍安全通行、正常运行等安全问题

（11）临时用电作业安全检查卡，如表 4-19 所示。

表 4-19 临时用电作业安全检查卡

项目	检查内容
临时用电作业	1. 临时用电设施大于 5 台或总容量大于 50kW/h 的，确认施工方案审批结果原件或复印件
	2. 确认临时用电设施装有保护接地、防雷装置、漏电保护器动作有效
	3. 作业前确认周围环境的危险因素已排除，设立隔离措施和标示牌
	4. 确认电气作业人员具备相应的特种资格作业证，人、证相符，真实有效
	5. 确认现场灭火器材齐备，1kV 以下的临时架空线路沿墙铺设距地高度不小于 2.5m，户外架空的距离地面不小于 3.5m，过机动车处距地面不小于 6m，电缆距离人体不小于 1 米，距离带电部分不小于 0.5m，沿地铺设的电缆必须铺设钢管保护措施，应用护口
	6. 确认户外的临电箱应有防水功能，锁具有效，箱体不宜放在低洼处；电缆接头必须防水，接头为丁字状，架设时用专用瓷瓶，不能铺设在树上、钢管上

续表

项目	检查内容
临时用电作业	7. 确认作业动作规范性，若中途停工时安全措施符合安全要求
	8. 负荷设备功率不得大于开关负载能力
	9. 确认现场运行临时用电设备不应有焦糊味道、过热现象，电缆外观完好
	10. 移动电源时必须断开电源，作业时必须有监护人，施工完毕应拆除临时设施，不应有安全隐患
	11. 长期不用的临电设备必须断开电源，并加锁具锁闭，停用不应超过 7d，电路必须有一总开关控制，每一支路应装熔断器

（12）盲板抽堵作业安全检查卡，如表 4-20 所示。

表 4-20　盲板抽堵作业安全检查卡

项目	检查内容
盲板抽堵作业	1. 确认工作照明应使用防爆灯具；并应使用防爆工具，禁止用铁器敲打管线、法兰等，以防产生火花
	2. 盲板选材要适宜、平整光滑，经检查无裂纹和孔洞。高压盲板应经探伤合格
	3. 确认盲板应有 1 个或 2 个手柄，便于辨识、抽堵
	4. 应按管道内介质、压力、温度选用合适的材料作为盲板垫片
	5. 盲板抽堵作业必须办理安全作业方案，没有甲方批准的不准进行抽堵作业
	6. 严禁涂改、转借盲板抽堵安全作业批复结果，变更作业内容。扩大作业范围或转移作业部位时，应重新办理盲板抽堵安全作业方案审批
	7. 确认抽堵盲板作业必须设专人监护，作业结束前监护人不得离开作业现场
	8. 确认作业人员经过防护训练，并要穿戴好符合要求的防护用具，做好防护
	9. 易燃易爆场所作业时确认作业地点 30m 内不得有动火作业
	10. 严禁在同一管道上同时进行两处及两处以上抽堵盲板作业
	11. 盲板抽堵安全作业应由甲方负责审批管理
	12. 确认在承压管道、设备上抽堵盲板时，压力必须降低到工作压力以内
	13. 重点部位抽堵盲板作业由甲方运维经理审批后，方可作业

（13）制冷剂压力检测安全检查卡，如表 4-21 所示。

表 4-21　制冷剂压力检测安全检查卡

项目	检查内容
制冷剂压力检测流程	1. 维修工程师确认压力表完好，戴专用手套
	2. 拆除压缩机护板，拆除制冷剂测量工艺口阀帽
	3. 选择压力表测量管并正时针方向衔接工艺口，避免烫（冻）伤
	4. 观察压力表数据并记录
	5. 逆时针方向拆卸工艺口连接管，紧固工艺阀帽
	6. 擦拭工艺口残留油渍，撤离

（14）蓄冷罐登高作业安全检查卡，如表 4-22 所示。

表 4-22 蓄冷罐登高作业安全检查卡

项目	检查内容
蓄冷罐登高作业	1. 制订蓄冷罐登高作业计划
	2. 向甲方汇报登高工作计划并得到批准，确认登高作业人员资质有效
	3. 现场用望远镜自下而上观察旋梯焊接部位，不得有开焊迹象、变形下坠现象
	4. 登高当日做好天气评估并批准作业
	5. 作业现场设置安全维护措施
	6. 安全员对登高作业进行专项安全交底
	7. 清理现场，禁止人员穿越现场
	8. 作业人员穿戴安全防护用具关系安全带，检测酒精度并且神智清晰
	9. 作业人员在护栏上就近固定安全绳，高挂低用，逐步试探登高
	10. 每登 2、3 步阶梯应重新固定安全绳挂钩，固定后才可攀登。运动中禁止拆除和重新固定安全绳挂钩
	11. 登高中若发现踏步或旋梯异常，立刻停止攀登，并逐步退回地面，不可慌张
	12. 到达顶部必须固定安全绳挂钩，确保安全才可以开展维保作业
	13. 维保作业中，作业工具必须拴绳固定于手腕，避免高空滑落
	14. 作业结束，工具必须妥善放回工具包
	15. 返回地面时不得面向踏步，重心应略微后仰，不可前倾，配合安全挂钩操作

（15）风冷机组 / 二次泵房顶部管路登高作业安全检查卡，如表 4-23 所示。

表 4-23 风冷机组 / 二次泵房顶部管路登高作业安全检查卡

项目	检查内容
风冷机组 / 二次泵房顶部管路登高作业	1. 检查人字爬梯完好，质量合格
	2. 至少 2 人操作，将爬梯放在检查部位下方
	3. 确保地面平整、结实，梯子平稳，确认防护用具完好、合格
	4. 人字梯开度不大于 60°，并锁定开度开关（或绳子绑扎牢固）
	5. 监护人侧面扶梯，不得做与工作无关的事
	6. 作业人穿戴防护用品，系安全绳
	7. 作业人逐步登梯，不可跨越攀登
	8. 不得登顶作业，安全绳挂点须牢固，高挂低用。上下梯子应按规定肩负安全绳并在安全带固定挂钩，避免缠绕梯子
	9. 作业完毕将扶梯合并成一字，在指定位置平放

（16）电缆夹层、电缆竖井安全检查卡，如表 4-24 所示。

表 4-24 电缆夹层、电缆竖井安全检查卡

项目	检查内容
电缆夹层、电缆竖井	1. 确定有限空间作业方案已得到甲方和安全委员会批准，检查专项安全交底记录
	2. 确定作业班组配备通风设备到达夹层入口指定位置，作业人员穿戴防护用具待命
	3. 进行夹层入口和作业点位含氧量测试，氧气浓度不低于 3 级的测试应记录
	4. 确定有限空间作业监护人必须持有效证件上岗，人、证一致

续表

项目	检查内容
电缆夹层、电缆竖井	5. 确定夹层内机械加压不间断送风
	6. 确定有限空间使用照明设备铭牌上的额定电压不大于 DC 36V

（17）柴油发电机外油罐及管路安全检查卡，如表 4-25 所示。

表 4-25　柴油发电机外油罐及管路安全检查卡

项目	检查内容
柴油发电机外油罐及管路	1. 确认周围环境整洁无杂物
	2. 确认已设置警戒线隔离措施，距离设备不小于 1.2m
	3. 大风或雷雨天气应停止室外装卸油料
	4. 确认作业人员穿戴齐全劳保用品进行作业
	5. 确认作业人员是否挂警示牌
	6. 确认作业人员是否未做任何防护进行登高作业
	7. 焊接前将燃油容器管道清洗干净并干燥，可拆卸零件远离危险区，方可作业
	8. 禁止带压焊接管道，管道表压力须为 0MPa
	9. 禁止焊接点周围 10m 内存在易燃物品，氧气、乙炔钢瓶间隔不得小于 5m，焊接点距离钢瓶不得小于 10m
	10. 禁止大风天气楼顶动火，禁止焊接人员与持有证书不符
	11. 禁止雷电天气未经批准装卸油料
	12. 装油卸油过程严禁其他车辆靠近
	13. 禁止从油罐上部注入轻质油品
	14. 禁止未释放管路压力情况下进线作业
	15. 禁止使用绝缘材料制作的管道运输油料
	16. 禁止使用能够碰击产生火花的工具，作业人员应先放电
	17. 禁止通过拧紧接头来阻止泄漏
	18. 禁止折弯、敲击任何高压管路
	19. 禁止在高压发电机运行时检查高压燃油管，发电机停机超过 5min 后才可操作
	20. 严禁装卸油过程中作业人员脱岗，不允许随意穿脱衣服、挥舞工具和搬运物品
	21. 禁止未经专业训练人员进行检尺、测温、采样工作
	22. 禁止灌装过程中进行检尺、测温、采样工作
	23. 压力表的校验和维护应符合国家相关规定
	24. 维护完成后保证人员完整，拆除防护措施，清点维护工具，恢复现场
	25. 作业区域严禁烟火
	26. 检查设备前作业人员要穿戴劳保用品（绝缘手套和绝缘靴）
	27. 检查设备前作业人员应持有规定的特种作业证
	28. 清洗油罐为有限空间作业，安全电压为 12 V DC
	29. 有限空间作业前，必须测得含氧量合格，否则应使用机械通风装置，增加含氧量

4.1.5 安全事故应急救援预案

安全事故应急救援预案是为了保障员工的生命安全，及时挽救生命，保障人身安全而制定的。

1. 迅速判断及救护

运维作业中如发现运维人员发生抽搐、动作异常、无应答等情况，应第一时间意识到可能出现触电事故。如发现人员意识不清，瞳孔扩大无反应，呼吸、心跳停止时，应立即在现场就地抢救，用心肺复苏法支持呼吸和循环，对脑、心脏重要器官供氧。心脏停止跳动后，只有分秒必争地迅速抢救，救活的可能性才较大。

现场工作人员应定期接受培训，学会紧急救护法：会正确解脱电源，会心肺复苏法，会止血，会包扎，会转移搬运伤员，会处理急救外伤或中毒等。触电急救切忌使用强心针。

2. 险情的判定

救援对象的险情可以根据以下 3 方面进行判定。

（1）意识判定。采取“轻拍轻摇大声喊”的方法来判定被抢救者有无意识。摇时只可轻摇，并且不可摇其头部，因为触电者在触电后很有可能摔倒，并伤其头部或颈部。但可大声喊，帮其苏醒。若无反映，则应在大声呼喊的同时，迅速进行呼吸及循环判定。

（2）呼吸判定。采用“仰额抬颌法”使触电者的气道尽量打开。将耳部贴近触电者的鼻，同时仔细观察其胸部，进行“试、听、看”检查。

①试：用轻柔的物品如棉花纤维、头发等，在最接近口鼻的地方测试触电者有无呼吸气流。

②听：听触电者有无呼吸的声音。

③看：看触电者胸部有无起伏。

注意：用试、听、看的方法可判断出触电者是否有呼吸。

（3）循环判定。具体包括以下几个方面。

①心跳：最简单有效的方法是触摸颈动脉。寻找颈动脉的方法是将两根手指放在触电者的喉结处，然后向下滑动至气管旁，在气管和大肌带之间，能触摸到颈动脉。触电者的脉搏一般较微弱，很难在其他部位触摸到，只有颈动脉才是测试有无心跳最合适的部位。

②观察瞳孔，看其是否已放大，因为人在无心跳时，瞳孔同时也放大了。

③触电者的脉搏可能缓慢无力且不规则，呼吸也可能微弱而快速，所以判定一定要准确。

抢救时要分秒必争，因为抢救得越及时，成功率越高。完成上述全部判定不得超过 15s。以上三种判定可总结为：

轻拍轻摇大声喊，仰额抬颌试听看。

观察瞳孔试动脉，十五秒内操作完。

3. 现场抢救

现场抢救的原则是：就地、准确、快速、连续。

触电者的 4 种状态及处理方法：

（1）触电者神志清醒，但感乏力心慌且呼吸急促，四肢无力，面色苍白。此时应让触电者就地休息，同时密切观察。

（2）触电者神志不清，有心跳，但呼吸停止或很微弱。此时应立即用仰额抬颌法将其气道打开进行口对口人工呼吸。

（3）触电者神志丧失，心跳停止，但有微弱呼吸，此时应立即进行心肺复苏急救（即口对口人工呼吸和胸外心脏按压同时进行）。

（4）触电者呼吸心跳均停止，则应立即展开心肺复苏急救。

上述 4 种情况的急救，均应本着“就地、准确、快速、连续”的原则进行。就是说触电者脱离电源后，在保证抢救人员安全的前提下，尽量就地展开抢救，并且在更换抢救人员或送往医院的途中急救也不应停止。

4. 心肺复苏

1）心肺复苏法的操作要点

心肺复苏法的操作要点具体如下。

（1）口对口（鼻）人工呼吸的操作要点。

①使触电者平躺于硬地板或木板上，松开其衣裤。检查触电者口中有无异物，若有，应用手挖或背部扣击法将其取出。抢救者位于触电者身旁，用仰额抬颌法打开触电者气道。

②捏紧触电者的鼻孔，用嘴完全包封住触电者的嘴，均匀而适量的吹气，吹完后，离开触电者的嘴巴，同时松开触电者的鼻孔，让触电者呼气。

③先吹 2 大口气，进行判定。判定后认为仍需要进行人工呼吸时，则按照 12 次 / 分的速率和 800 ～ 1000 毫升 / 次的进气量进行吹气。

④若触电者下颌骨骨折或嘴唇外伤，或不管什么原因使牙关紧闭，无法打开其口时，则应进行口对鼻的人工呼吸，只是应将捏紧鼻孔的手改为封住嘴巴。

（2）胸外心脏按压的操作要点。

①使触电者平躺于硬地板或木板上，松开其衣裤。松开触电者的衣裤有两方面的好处，其一是解除了衣裤对触电者的束缚，使口对口人工呼吸更加有效，其二是能准确地找到按压点。

②操作者位于触电者的身旁，找准按压点。按压点在剑突（穴位）上方两指处，或在胸骨的下 1/3 处（两处是重合的）。

③将一只手的掌根放在按压点上，另一只手叠于其上，使肩、肘、腕成一直线，并垂直于胸骨（垂直于地面），以自身重量往下压，使胸骨下陷 3.8 ～ 5 cm，然后突然放松，但掌根不得离开按压点，按压的速率为 80 ～ 100 次 / 分。

2）单人复苏及双人复苏

单人复苏及双人复苏具体如下所述：

单人复苏：亦即一个人抢救。先吹 2 口气，进行判定。若还需抢救时，则应再吹 2 口气，再按压 15 下，循环操作，4 个周期后再判定。

双人复苏：亦即两个人抢救，一人吹气，一人按压。先吹 2 口气，进行判定。若还需抢救时，则应吹 1 口气，按压 5 下，循环操作，13 个周期后再判定。

心肺复苏抢救触电者，很可能有一个较长的过程，视触电者受伤情况而异，所以在抢救时应有信心。经过长时间抢救，最后将人救活的事例也不在少数。只要有一分希望，就要做十分的努力。

3）胸外按压的有效指标及注意事项

胸外心脏按压的有效指标包括：

（1）能触摸到颈动脉的搏动。

（2）散大的瞳孔开始缩小。

（3）口唇甲床开始恢复血色。

（4）对声音刺激有反应。

心肺复苏操作的注意事项包括：

（1）抢救时切勿使用枕头。

（2）吹气及按压时均应适量不可用力过猛，按压时手指不要放在肋骨上。

（3）尽量不要因观察判定而中断抢救，如确需中断，不得超过 5s。

（4）应注意连续抢救的原则，抢救者不应频繁更换；在送往医院的过程中，抢救也不应停止。

4.2 数据中心规章制度

4.2.1 制定规章制度的目的

为了做好安全生产管理工作，加强生产现场安全管理，规范各类工作人员的行为，保障员工人身安全，确保数据机房供配电运行、维修维护操作等方面的安全，结合项目部实际情况，依据国家有关法律、法规，特制定本制度。

4.2.2 规章制度的适用范围

本制度适用于 ×× 科技发展有限公司所属 ×× 数据中心 ×× 项目部所有员工，以及第三方工作人员。

适用于 ×× 项目的查验、试运行、正式运行、工程改造（大、中修）等过程范围。

4.2.3 办公区域安全规章制度

办公区域安全规章制度有 8 点，具体如下。

（1）项目所有办公区域禁止吸烟。

（2）全体员工都有责任在下班或放假期间将自己工作台、座椅归位，台面整理整齐，将办公场所门、窗、空调、照明及计算机电源关闭（冬季不得关闭风机盘管），以确保安全及节约能源，指定的办公室安全负责人对前述工作负责确认。

（3）办公室内不允许私接电线及使用明火，禁止使用大功率电器，或大功率电器同时作业。

（4）员工应注意保持工作环境干净、整齐，不得随意摆放物品。

（5）私人贵重物品请自行保管好，勿放在桌面。

（6）消防通道禁止堆放物品，确保消防通道畅通。

（7）下班或长时间离开座位，应关闭插座电源、充电器，电源插座不允许插接。

（8）每日专人负责检查办公室的防火、用电、防盗等安全问题 1 次，填写检查表。

4.2.4 安全会议规章制度

安全会议是为了及时了解和掌握各时期的安全生产情况，协调和处理生产过程中存在的安全问题，消除事故隐患，确保安全生产。

1. 安全委员会议

安全委员会议内容包括：检查上阶段的安全生产工作，部署下阶段的安全生产工作；对发生的安全生产事故按照“四不放过”的原则进行处理和决定；表彰和奖励安全生产优秀人员；对生产中存在的问题和事故隐患研究落实解决问题的措施和方法等。会议签到簿在会议开始前准备好，会议记录在会后 2 个工作日完成。

公司安全生产委员会会议，每年度召开 1 次，由委员会主任牵头组织，机房楼为单位的安全员及以上负责人参加，地点时间详见安委会通知。

2. 班组安全会议

班组安全会议由各专业项目安全组长负责召开，全体班组成员参加，在每季末进行 1 次。会议内容包括传达上级有关安全工作精神；布置、检查、交流、总结安全生产工作；分析班组内外事故案例；结合本班组特点开展事故隐患的预测、预控等。做好会议记录、签字、存档。

3. 其他

每次安全会议都要有会议纪要。会议纪要包括日期、参加人员、召集人、主持人、会议主要内容、处理结果、决议执行情况的检查等，安全负责人应定期对各种会议记录及决议的执行情况进行检查、指导和考核。

4.2.5 巡视安全制度

1. 配电风险梳理

对配电风险梳理的结果，如表 4-26 所示。

表 4-26 配电风险梳理

序号	风险因素	风险类别	风险项描述
1	楼梯	踏空	行走楼梯过程中的踏空风险
2	楼顶地面	踏空	地面湿滑，踏空的风险
3	电缆桥架、密集母线、电缆竖井	高空坠落	顶部高空物件坠落风险
4	电缆夹层	物体打击	进入电缆夹层，发生管道磕碰的风险
5	电缆桥架、密集母线、电缆竖井、电缆夹层	踏空	踏空梯子导致绊倒的风险
6	货物吊装口	高空坠落	货物吊装口卷帘门坠落的风险
7	设备	触电	设备室外部分及负载较重设备外壳带电的风险
8	拆卸区	其他	设备包装带钉木板扎伤的风险
9	防静电地板	踏空	防静电地板安装松动的踏空风险
10	室外油罐区	火灾	未严禁火种进入现场，导致着火风险
11	室外油罐区	有限空间	密闭空间作业存在缺氧风险
12	室外油罐区	化学伤害	没有按照规程作业产生化学伤害风险
13	恶劣天气	触电	雷电天气发生过程中的电击风险

2. 配电场景控制

1）踏空

踏空意为脚步不稳，踩空了，从而导致风险。

（1）风险描述：巡检人员行走楼梯过程中踏空、滑倒、防静电地板安装松动导致踏空、导致绊倒等风险。

（2）控制方式：

- 巡检至楼梯阶段，禁止使用手机，禁止阅读文档。
- 楼顶巡检时禁止多次踩踏青苔、积水行走。
- 进入防静电地板区域前，目测地板的完整性。
- 目测地板松动、安装不齐或者区域有维修，行走前应试探性地踩踏。

2）高空坠落

高空坠落这里主要指在数据中心存在从高处坠落物体对巡检人员造成伤害的风险。

（1）风险描述：巡检过程中电缆桥架、密集母线等顶部有高空物件坠落风险，货物吊装口卷帘门坠落风险。

（2）控制方式：戴安全帽。

3）物体打击

物体打击是指失控的物体或人员在惯性力或重力等外力的作用下产生运动，打击人体而造成人身伤害。

（1）风险描述：进入油罐区、电缆夹层等地有发生管道磕碰的风险。

（2）控制方式：

- 进入油罐区、电缆夹层须戴安全帽。
- 电缆夹层入口处须粘贴小心碰头警示牌。

4）触电

人身直接接触电源，造成触电。触电是数据中心里经常出现的对运维人员造成伤害的风险。

（1）风险描述：供配电的设备外壳存在带电风险，雷电天气发生过程中存在电击风险。

（2）控制方式：

- 巡检过程中禁止习惯性触摸设备外壳。
- 在雷电天气，禁止去油罐区、机房楼顶层巡检，如必须去巡检，应向主管工程师申请，由主管工程师决定是否去巡检。

5）火灾

火灾是因失火而造成的灾害。

（1）风险描述：油罐区未严禁火种进入，存在着火风险。

（2）控制方式：严格禁止火种进入罐区周围。

6）其他

数据中心还存在其他类型的风险。

（1）风险描述：被设备包装带钉木板扎伤的风险。

（2）控制方式：经过拆卸平台时，禁止习惯性踩踏货物带钉的包装木板。

3. 暖通风险梳理

暖通风险梳理，如表 4-27 所示。

表 4-27 暖通风险梳理

序号	风险因素	风险类别	风险项描述
1	楼梯	踏空	行走楼梯过程中的踏空风险
2	楼顶地面	踏空	地面湿滑踏空的风险
3	蓄冷罐墙根	高空坠落	墙根处有高空物件坠落风险
4	一次泵房	物体打击	进入一次泵房，发生管道磕碰的风险
5	二次泵房	踏空	金属楼梯内侧未封闭，导致绊倒的风险
6	货物吊装口	高空坠落	货物吊装口卷帘门坠落风险

续表

序号	风险因素	风险类别	风险项描述
7	设备	触电	设备室外部分及负载较重设备外壳带电的风险
8	拆卸区	其他	设备包装带钉木板扎伤的风险
9	防静电地板	踏空	防静电地板安装松动的踏空风险
10	恶劣天气	触电	雷电天气发生过程中的电击风险

4. 暖通场景控制

1）踏空

踏空意为脚步不稳，踩空了，从而导致风险。

（1）风险描述：巡检人员行走楼梯过程中踏空、滑倒、防静电地板安装松动导致踏空、二次泵房金属楼梯内侧未封闭导致绊倒等风险。

（2）控制方式：

- 巡检至楼梯阶段，禁止使用手机，禁止阅读文档。
- 楼顶巡检时禁止多次踩踏青苔、积水行走。
- 进入防静电地板区域前，目测地板的完整性。
- 目测地板松动、安装不齐或者区域有维修，行走前应试探性地踩踏。

2）高空坠落

这里主要指在数据中心，存在从高处坠落物体，对巡检人员造成伤害的风险。

（1）风险描述：巡检过程中墙根处有空物件坠落风险，货物吊装口卷帘门坠落风险。

（2）控制方式：

- 去蓄冷罐途中，禁止沿着机房楼墙根行走。
- 在蓄冷罐明显处粘贴高空坠物警示牌。
- 禁止倚靠机房楼 2 ～ 4 层货物吊装口卷帘门。

3）物体打击

物体打击是指失控的物体或人员在惯性力或重力等其他外力的作用下产生运动，打击人体而造成人身伤害。

（1）风险描述：进入一次泵房有发生管道磕碰人体的风险。

（2）控制方式：

- 进入一次泵房巡检须戴安全帽。
- 一次泵房进门处须粘贴小心碰头警示牌。

4）触电

触电是数据中心里人员经常出现的对运维人员造成伤害的风险。

（1）风险描述：暖通的室外部分及负载较重设备外壳有带电风险，雷电天气发生过程中有电击风险。

（2）控制方式：

- 巡检过程中禁止习惯性触摸设备外壳。

■ 在雷电天气发生时，禁止去机房楼顶层巡检，如必须去巡检，应向主管工程师申请。

5）其他

数据中心还存在其他类型的风险。

（1）风险描述：被设备包装带钉木板扎伤的风险。

（2）控制方式：经过拆卸平台时，禁止习惯性踩踏货物带钉的包装木板。

5. 弱电系统风险梳理

弱电系统风险梳理，如表4-28所示。

表4-28 弱电系统风险梳理

序号	风险因素	风险类别	风险项描述
1	楼梯	踏空	行走楼梯过程中的踏空风险
2	防静电地板	踏空	防静电地板安装松动的踏空风险
3	楼墙根	高空坠落	楼墙根处有高空物件坠落风险
4	弱电间	物体打击	进入弱电间发生机柜磕碰的风险
5	设备	触电	设备室外部分及机柜外壳带电风险
6	恶劣天气	触电	雷电天气发生过程中电击风险
7	拆卸区	其他	设备包装带钉木板扎伤的风险

6. 弱电系统场景控制

1）踏空

踏空意为脚步不稳，踩空了，从而导致风险。

（1）风险描述：巡检人员行走楼梯过程中踏空、滑倒、防静电地板安装松动导致的踏空等风险。

（2）控制方式：

■ 巡检至楼梯阶段，禁止使用手机，禁止阅读文档。

■ 进入防静电地板区域前，目测地板的完整性。

■ 目测地板松动、安装不齐或者区域有维修，行走前应试探性地踩踏。

2）高空坠落

这里主要指在数据中心，存在从高处坠落物体，对巡检人员造成伤害的风险。

（1）风险描述：巡检过程中楼墙根处有高空物件坠落风险。

（2）控制方式：巡检路途中，禁止沿着机房楼墙根行走。

3）物体打击

物体打击是指失控的物体或人员在惯性力或重力等其他外力的作用下产生运动，打击人体而造成人身伤害。

（1）风险描述：进入弱电间，由于空间狭窄，有发生机柜、墙体磕碰人体的风险。

（2）控制方式：

- 进入弱电间巡检时，戴安全帽。
- 弱电间进门处粘贴小心碰头警示牌。

4）触电

触电是数据中心里人员经常出现的对运维人员造成伤害的风险。

（1）风险描述：设备室外部分及机柜设备外壳有带电风险，雷电天气发生过程中有电击风险。

（2）控制方式：

- 巡检过程中禁止习惯性触摸设备外壳。
- 在雷电天气发生时，禁止去机房楼顶层巡检，如必须去巡检，应向主管工程师申请。

5）其他

数据中心还存在其他类型的风险。

（1）风险描述：被设备包装带钉木板扎伤的风险。

（2）控制方式：经过拆卸平台时，禁止习惯性踩踏货物带钉的包装木板。

4.2.6 维修维护安全制度

为了保障维修维护人员的人身健康和设备的完好，以及维护工作的顺利进行和设备的正常工作，在维修维护过程中应注意以下事项。

1. 防止高空坠落

防止高空坠落物体对维修维护人员造成伤害而采取的应对措施，具体如下。

（1）使用梯子时，应检查梯子牢固完整性。在工作前需把梯子安置稳固，不可使其动摇或倾斜过度，并有专人在一旁扶梯；须使用人字梯登高作业，确认人字梯牢固、保险拉绳齐全。

（2）高空作业时使用的材料和工具不可向下或向上投掷抛送。

（3）作业时不少于 2 人协同作业。

（4）超过 2m 的高空作业，应系安全带，穿戴劳保防护用品。穿戴之前应检查劳保用品需符合规定无破损。

（5）高空作业时，底部不准人员逗留，拉隔离带形成安全区域，并有专人看守。

（6）恶劣天气（大风、大雨、雨雪 5 级及以上天气）禁止高空作业。

（7）在没有脚手架或者在没有栏杆的脚手架上工作，高度超过 1.5m，必须使用安全带（高挂低用），穿戴劳保防护用品。

（8）操作人员身体健康无疾病，状态良好，严禁疲劳或带病作业。

（9）地井等必须用木板盖住，且在地井附近设置提醒标志。

2. 防止物体打击

防止物体打击对维修维护人员造成伤害而采取的应对措施，具体如下。

（1）作业区域应无影响维护作业的杂物（木方、砖石、纸箱），保持作业区域畅通。

（2）拆卸设备部件时应不少于 2 人协同作业，不可暴力拆卸。

（3）部件拆卸后应平稳摆放，禁止倚靠设备。

（4）作业过程不得抛扔工具、零件，防止其弹跳伤人。

（5）作业过程中不准嬉戏打闹，注意力不集中。

（6）穿戴齐全的劳保用品，施工过程中不得私自脱下。

（7）移动防静电地板时必须使用地板吸进行操作，吸牢防静电地板，地板离地不超 5cm。

（8）进行吊装作业需确认三脚架保险拉链齐全、支脚放置平稳，龙门架挂点牢固。

（9）吊索、吊具应无破损，手拉葫芦应无损坏、滑链情况，起吊时禁止在吊物下作业。

（10）零件拆除后应平稳摆放，禁止倚靠墙壁或边缘位置。作业完成，现场全部恢复后，方可撤掉隔离装置。

3. 防止化学伤害

防止化学品对维修维护人员造成伤害而采取的应对措施，具体如下。

（1）作业区域应保证照明充足，环境通风良好。

（2）针对化学品作业时不少于 2 人协同作业，应穿戴好工作服、胶皮手套、护目镜等劳保用品，必要时戴呼吸面罩。

（3）提取化学品时动作不宜过大，缓慢平稳运动且注意避让周围设备。

（4）稀释或注入化学品时应站在水平面高的有利位置，防止药液挥发和倾洒伤及身体；若有操作不惧药液接触体肤应及时用清水冲洗并外敷药品。

（5）化学品如有遗撒应及时用塑料材质的保洁工具清理收纳，被污染的地面用水冲刷干净；收集的废料按有毒有害物质进行处理，严禁随意丢弃。

（6）禁止裸手触摸设备管道感知温度。

4. 防止触电

防止维修维护人员在操作中触电造成伤害所采取的应对措施，具体如下。

（1）巡检、维护过程中，测量电压、电流时应戴绝缘手套，现场不少于 1 人监护。

（2）设备长时间不运行，合闸时至少 2 人协同作业。

（3）在巡检、维护过程中需要接触设备时，先使用试电笔测接触部位是否带电，确认无电才能接触。

（4）禁止湿手或者双手接触电缆。

（5）维修时先确认已断电，涉及电容时先放电，再维修。

（6）维修时电源断开，要及时挂锁和警示牌，并有专人管。

5. 防止自然伤害

防止自然灾害对维修维护人员造成伤害而采取的应对措施，具体如下。

（1）作业人数不少于 2 人，视情况穿戴劳保用品。

（2）风冷冷水机组区域（三伏天）配置应急饮用水、预防中暑药剂，区域温度超过 42℃，禁止计划维修工作。

（3）雷雨、冰雹天气禁止计划性维护工作，需故障检修、巡检时应向主管提交申请。

（4）大风天气需停止维护、巡检工作时，应向主管提交申请。当风力达到 6 级以上停止所有风冷冷水机组区域作业。

（5）冬季降雪后，由主管视情况组织清理巡检通道。大雪天气禁止计划性维护工作，需故障检修、巡检时应向主管提交申请。

6. 防止物理伤害

防止物理伤害对维修维护人员造成伤害而采取的应对措施，具体如下。

（1）加注制冷剂接取压管作业时应戴防冻手套，避免人员冻伤。

（2）监测高压管的数据时禁止裸手触摸高压管感知温度，应使用点温仪进行测量。

（3）在运维过程中，禁止攀登管道和设备。

（4）在上下楼梯时严禁看手机或资料文件。

（5）严禁在吊装口逗留、奔跑穿梭。

（6）穿戴安全劳保用品，防止高空坠落物件、扎脚等事故伤害。

（7）进入机房时，光线应充足，注意静电地板是否牢固，防止踏空。

7. 防止踏空伤害

防止踏空对维修维护人员造成伤害而采取的应对措施，具体如下。

（1）作业过程中，先目测房间地板区域稳定性，对活动区域防静电点半单脚踩踏测试。

（2）需要拆除防静电地板作业时，需设置隔离带。禁止拆除地板支架，防止地板成片坍塌。

（3）维修时确定马道固定无晃动，牢固无破损；高处的马道需要有防护装置。

（4）登梯作业时，确定梯阶牢固，无滑梯现象。

（5）在经过天井或者塌陷区域时，确定有无其他路线；如果没有，确定遮盖物牢固，才能行走。

8. 防止火灾

严禁携带火种进入油罐区等存在严重火灾风险的区域。

4.2.7 旁站监督安全制度

旁站监督是指在机房辅助区域内基础设施上进行维护、维修操作时，需要旁站监督人员对操作现场的操作全过程进行见证，包括所有原材料、操作方法、施工工艺等是否符合规范的要求。

旁站作业实施前，由主管按旁站工作的要求指派旁站监督人员，指派时应充分考虑作业内容、作业风险。多人多点作业时，指派多个旁站监督人员。

旁站监督人员接到旁站监督任务后，须核对工作内作业人员、作业时间、作业内容、作业范围、携带工具，并应向作业人员交待工作范围内的管理要求、危险点和其他安全注意事项。

旁站监督人员应全程在作业现场，对作业人员进行旁站监督。因事须离开作业现场时，应告知主管重新指派旁站监督人员后，完成交接手续并在《旁站监督记录表》上做好相关记录方可离开。

旁站监督人员应及时纠正并记录作业人员的不安全行为，若作业人员存在违规且不服从管理的情况，应立即制止其作业，并及时上报给主管。

作业结束时，旁站监督人员应对作业现场进行检查，确认作业现场已恢复正常，现场无作业工具、作业垃圾遗留。

确认完毕后，旁站监督人员在《旁站监督记录表》中填写作业结束时间等相关内容，并与作业人员共同签字确认。

4.2.8 安全用品管理制度

1. 安全用品的概念

本制度所指的安全用品是指劳动者在生产过程中为避免受到伤害或职业危害所配备的必要的劳动防护用品。

2. 安全用品的种类

安全用品包括以下9类。

（1）安全帽：保护头部，防撞击、挤压伤害的护具。

（2）防护帽：保护操作旋转类机械设备或仪器的女性操作工的护具。

（3）呼吸护具：预防尘肺和职业病的重要护品，主要有防尘、防毒等护具。

（4）眼防护具：保护作业人员的眼睛、面部，防止外来伤害，主要是防冲击眼护具。

（5）听力护具：长期在90dB（A）以上或短时在115dB（A）以上环境中工作时应使用的保护听力的护具。

（6）防护鞋：用于防砸、绝缘、防静电、耐酸碱、耐油、防滑等的特种鞋。

（7）防护手套：用于手部保护，主要有电工绝缘手套、纱手套、汗布手套、帆布手套。

（8）工作服：用于统一工装（分夏装和秋装）和保护职工免受劳动环境中的物理伤害。

（9）防坠落护具：用于防止坠落事故发生的用具，主要有安全带、安全绳和安全网。

3. 安全用品的发放、回收

安全用品的发放、回收应注意以下 6 条：

（1）发放劳保用品时，办理物资领用手续。

（2）劳保物品日常保管由库管员负责，采购回的劳保用品交库管员入库办理、登记在册。

（3）未发放的劳保物品须摆放整齐，以方便查询和使用。

（4）库存中的劳保物品要按照使用说明进行妥善保管，以减少损毁带来的成本增加。

（5）临近过期或已过期的劳保用品由库管员登记，并申请回收报废处理，不可下发使用。

（6）损坏的劳保用品不得使用，应及时报废处理。

4. 安全员专用服饰管理制度

安全员专用服饰有以下要求。

（1）安全员专用反光服、安全帽、袖标，统一着装。反光服为橘红色，安全帽为红色，袖标统一佩戴在左臂外侧。

（2）安全员专用服装（袖标），只有在开展检查时穿戴，不得挪作他用；由安全员自行保管，保持清洁，无异味，无损坏，服装损坏无法修复的及时以旧换新。

（3）安全员使用专用安全帽须参考安全帽使用知识，超过有效期或正常使用损坏的，应及时以旧换新；使用人员故意损坏安全用具的，照价赔偿。

（4）岗位调整或辞职时，按办公用品监交部分执行，但安全用品应交回库管人员。

4.2.9 特殊作业安全管理制度

为加强各类特殊作业的安全管理，预防发生事故，参照《化学品生产单位特殊作业安全规范》（GB 30871—2014）、《工贸企业有限空间作业安全管理与监督暂行规定》等法律法规、标准要求，结合公司实际制定本制度。

本制度所指特殊作业指动火、高处、有限空间、临时用电四项作业。

1. 动火作业

动火作业是指在禁火区进行焊接与切割作业及在易燃易爆场所使用喷灯、电钻、砂轮等进行可能产生火焰、火花和炽热表面的临时性作业。

1）动火作业要求

动火作业要求包括以下 6 点。

（1）动火作业前必须按要求到相关部门办理合格手续，操作人员必须有相应的操作证；有条件拆下的构件如油管、阀门等应拆下来移至安全场所。

（2）凡盛有或盛过易燃易爆等化学危险物品的容器、设备、管道等生产、储存装置，在动火作业前应将其与生产系统彻底隔离，并进行清洗置换；经分析合格后，方可动火作业。

（3）动火作业应有专人监护。动火作业前应清除动火现场及周围的易燃物品，或采取其他有效的安全防火措施，配备足够适用的消防器材。

（4）动火作业现场的通风要良好，以保证泄漏的气体能顺畅排走。

（5）动火作业间断或终结后，应清理现场，确认无残留火种后，方可离开。

（6）下列情况禁止动火。

- 压力容器或管道未泄压前。
- 存放易燃易爆物品的容器未清理干净前。
- 风力达 5 级以上的露天作业。
- 喷漆现场。
- 遇有火险异常情况未查明原因和消除前。

2）动火作业现场监护要求

动火作业现场监护有以下 13 点要求。

（1）在首次动火时，各级审批人均应到现场检查防火安全措施是否正确、完备，测定可燃气体、易燃液体的可燃气体含量是否合格，并在监护下做明火试验，确无问题后方可动火。

（2）动火工作在次日动火前应重新检查防火安全措施，并测定可燃气体、易燃液体的可燃气体含量，合格方可重新动火。

（3）动火工作过程中，应每隔 2h 测定一次现场可燃气体、易燃液体的可燃气体含量是否合格。当发现不合格或异常升高时应立即停止动火，在未查明原因或排除险情前不准动火。

（4）不准在带有压力（液体压力或气体压力）的设备上或带电的设备上进行焊接。在特殊情况下需在带压和带电的设备上进行焊接时，应采取安全措施，并经本单位分管生产的领导（总工程师）批准。对承重构架进行焊接，应经过有关技术部门的许可。

（5）禁止在油漆未干的结构或其他物体上进行焊接。

（6）在风力超过 5 级及下雨雪时，不可露天进行焊接或切割工作。如必须进行时，应采取防风、防雨雪的措施。

（7）电焊机的外壳必须可靠接地，接地电阻不得大于 4Ω。

（8）使用电焊机时必须做好眼部防护工作，以免造成眼睛损伤。

（9）气瓶搬运应使用专门的抬架或手推车。

（10）禁止把氧气瓶和乙炔气瓶放在一起运送，也不准与易燃物品或装有可燃气体的容器一起运送。

（11）氧气瓶内的压力降到 0.2MPa 不准再使用。用过的瓶上应写明“空瓶”。

（12）使用中的氧气瓶和乙炔气瓶应垂直放置并固定起来。氧气瓶和乙炔气瓶的距离不得小于 5m，气瓶的放置地点不准靠近热源，应距明火 10m 以外。

（13）动火作业必须确保操作现场的操作人员始终可以正常呼吸以及呼吸质量。

2. 高处作业

1）高处作业要求

高处作业有以下 11 点要求。

（1）凡在坠落高度基准面 2m 及以上的高处进行的作业，都应视作高处作业。

（2）凡参加高处作业的人员，应每年进行一次体检。

（3）高处作业均应先搭设脚手架，使用高空作业车、升降平台或采取其他防止坠落措施，方可进行。

（4）高处作业使用的脚手架应经验收合格后方可使用。上下脚手架应走斜道或梯子，作业人员不准沿脚手杆或栏杆等攀爬。

（5）高处作业应一律使用工具袋。较大的工具应用绳拴在牢固的构件上，工件、边角余料应放置在牢靠的地方或用铁丝扣牢并有防止坠落的措施，不准随便乱放，以防止从高空坠落发生事故。

（6）在进行高处作业时，除有关人员外，不准他人在工作地点的下面通行或逗留；工作地点下面应有围栏或装设其他保护装置，防止落物伤人。如在格栅式的平台上工作，为了防止工具和器材掉落，应采取有效隔离措施，如铺设木板等。

（7）禁止将工具和材料上下投掷，应用绳索拴牢传递，以免打伤下方工作人员或击毁脚手架。

（8）高处作业区周围的孔洞、沟道等应设盖板、安全网或围栏并有固定其位置的措施。同时，应设置安全标志，夜间还应设红灯示警。

（9）低温或高温环境下作业，应采取保暖和防暑降温措施，作业时间不宜过长。

（10）在 6 级及以上的大风以及暴雨、雷电、冰雹、大雾、沙尘暴等恶劣天气下，应停止露天高处作业。特殊情况下，确需在恶劣天气进行抢修时，应组织人员充分讨论必要的安全措施，经负责人批准后方可进行。

（11）严禁攀爬不做安全防护且 2m 及以上的爬梯、管道等高处设备。

2）爬梯使用要求

爬梯的使用有以下 6 点要求。

（1）梯子应坚固完整，有防滑措施，梯子的支柱应能承受作业人员及所携带的工具、材料攀登时的总重量。

（2）硬质梯子的横档应嵌在支柱上，梯阶的距离不应大于 40cm，并在距梯顶 1m 处设限高标志。

（3）使用单梯工作时，梯与地面的倾斜角度约为 60°。

（4）梯子不宜绑接使用。

（5）人字梯应有限制开度的措施。

（6）人在梯子上时禁止移动梯子。

3）安全带使用要求

安全带的使用有以下7点要求。

（1）在屋顶以及其他危险的边沿进行工作，临空一面应装设安全网或防护栏杆，否则作业人员应使用安全带。

（2）在没有脚手架或者在没有栏杆的脚手架上工作，高度超过1.5m时，应使用安全带或采取其他可靠的安全措施。

（3）安全带和专作固定安全带的绳索在使用前应进行外观检查。

（4）在电焊作业或其他有火花、熔融源等的场所使用的安全带或安全绳应有隔热防磨套。

（5）安全带的挂钩或绳子应挂在结实牢固的构件上，或专为挂安全带用的钢丝绳上，并应采用高挂低用的方式。

（6）高处作业人员在作业过程中，应随时检查安全带是否拴牢。

（7）高处作业人员在转移作业位置时不得失去安全保护。

3. 有限空间作业

有限空间作业有以下5点要求。

（1）在攀爬有限空间爬梯时做好安全措施，防止碰击、跌落危险。

（2）在进行管道夹层（竖井）、电缆夹层（竖井）、蓄冷罐、储油罐、风箱、水箱作业时，置换空气并做好足够通风、照明、安全爬梯等前提下方可进行。

（3）应确保3人以上实施，有专人监护并经群组安全员培训，并且持证上岗。

（4）有条件的应做好施工作业专用方案，经行方审批后执行。

（5）突发事件依据应急预案处理。

4. 临时用电作业

1）开工前必须认真编制临时用电施工组织设计方案

临时用电设备在5台或5台以上，或设备总容量在50kW以上者，应编制临时用电施工组织设计方案。主要内容有：

（1）现场勘察。

（2）确定电源进线和变电所、配电室、总配电箱、配电箱、末级电箱装设位置及线路方向。

（3）负荷计算。

（4）绘制电器平面图、立面图和接线系统图。

（5）选择导线截面。

（6）制订安全用电技术措施的电器防火措施。

2）加强临时用电技术管理工作

按照“规范”的规定，临时用电工程施工组织设计方案必须由技术人员编制，技术负责人审核，项目经理批准后实施；施工现场要建立临时用电安全技术档案。其主要内容为：

（1）临时用电施工组织设计资料。

（2）技术交底资料。

（3）安全检测记录。

（4）电工维修记录等。

3）加强临时用电安全的指导和监督

加强施工用电安全管理，对全场施工人员进行安全用电教育。保证临时用电生产安全运行，尤其是保障人身安全、防止触电伤害事故的重要环节。各级管理人员必须认真学习、贯彻执行 GB 50194—2014《建筑工程施工现场临时用电安全技术规范》标准，认真按该标准搞好现场临时用电搭设，公司有关职能部门要各负其责，加强监督检查。

4）施工现场用电配电箱管理

施工现场用电必须实行，三相五线制，三级供电、二级保护，总配电箱、分配电箱、未级开关箱全部要铁制配电箱，严禁使用木质配电箱。

配电箱、开关箱应装设端正、牢固。固定式配电箱、开关箱的中心点与地面的垂直距离应为 1.4 ～ 1.6m。移动式配电箱、开关箱应装设在坚固、稳定的支架上。其中心点与地面的垂直距离宜为 0.8 ～ 1.6m。

配电箱的电器安装板上必须分设 N 线端子板和 PE 线端子板。N 线端子板必须与金属电器安装板绝缘；PE 线端子板必须与金属电器安装板做电气连接。进出线中的 N 线必须通过 N 线端子板连接；PE 线必须通过 PE 线端子板连接。

总配电箱的电器应具备电源隔离，正常接通与分断电路及短路、过载、漏电保护功能。

- 当总路设置总漏电保护器时，还应装设总隔离开关、分路隔离开关以及总断路器、分路断路器或总熔断器、分路熔断器。当所设总漏电保护器是同时具备短路、过载、漏电保护功能的漏电断路器时，可不设总断路器或总熔断器。
- 当各分路设置分路漏电保护器时，还应装设总隔离开关、分路隔离开关以及总断路器、分路断路器或总熔断器、分路熔断器。当分路所设漏电保护器是同时具备短路、过载、漏电保护功能的漏电断路器时，可不设分路断路器或分路熔断器。
- 隔离开关应设置于电源进线端，在采用分断时应具有可见分断点，并能同时断开电源所有极的隔离电器。如采用分断时具有可见分断点的断路器，可不另设隔离开关。

开关箱中漏电保护器的额定漏电动作电流不应大于 30mA，额定漏电动作时间不应大于 0.1s。

开关箱与用电设备之间必须实行“一机一闸一保险”制。防止“一闸多机”带来的意外伤害事故。

配电箱必须坚固、完整、严密，箱门加锁，箱门上要涂红色危险标志，箱内不得有杂物，配电箱要按配电级别顺序编号。落地配电箱柜下地面应平整，防止水淹、土埋，箱柜附近不准堆放杂物。

5）加强电气材料管理

加强电气材料管理对于减少或杜绝电气伤害事故具有十分重要的意义。要严禁使用无生产许可证、无产品质量合格证、无厂、无地名的伪劣产品，购买电器材料必须要到有生产许可证、有产品质量合格证的厂家购买，严禁在市场采购。

6）加强施工用电照明管理

施工现场按施工平面布置图和临时用电安全规定进行布线安装。施工现场的照明线路全部采用护套线管敷设，办公区、生活区、工作棚、场地照明分路设置分路控制，灯泡距地面 2.5m 以上。

加强施工用电照明管理还须注意以下 3 点。

（1）加强电气设备的管理。现场各种电气设备未经检查合格不准使用，使用中的电气设备必须保证处于正常工作状态，严禁带故障运行。露天使用的电气设备须搭设防雨罩棚，凡被雨淋、水淹的电气设备应进行必要的干燥处理，经检测绝缘试运行合格后方可使用。

使用电气设备前，必须由专业电工先进行试运转，正常后交给操作人员使用。用电机械设备工作结束或停工 1h 以上，必须将开关箱断电、上锁，保护好电源线和工具。

（2）对电动机械作业人员的要求。凡使用或操作电动机械的专业人员，必须进行安全用电的技术教育，了解电气常识，懂得电气性能，正确掌握操作方法。

必须安排身体健康、精神正常、责任心强的人员从事用电机械设备的操作使用。操作机械设备必须要有操作证。值班电工必须持证上岗，并做好值班记录。

从事电气作业的电工人员，身体素质应正常，责任心要强，并经考核合格，持证上岗。上岗时必须正确使用劳保用品，对操作工具要定期检查，按规定操作，不可带电作业。

（3）临时用电的规范要求。临时用电工程，应采用中性点直接接地的 380/220V 三相四线制低压电力系统和三相五线制接零保护系统。

施工现场配电线路应注意以下 7 点。

- 必须采用绝缘导线。
- 导线截面应满足计算负荷要求和末端电压偏移 ±5% 的要求。
- 电缆配线应采用有专用保护线的电缆。
- 架空线路的导线截面一般场所不得小于 $100mm^2$（钢线）或 $16mm^2$（铝线），跨越公路、河道和在电力线路挡距内不得小于 $16mm^2$（钢线）或 $25mm^2$ 铝线。
- 配电线路至配电装置的电源进线必须做固定连接，严禁做活动连接。
- 配电线路的绝缘电阻值不得小于 1000Ω。
- 配电线路不得承受人为附加的非自然力。

施工现场采用配电线路架空敷设，并注意以下几点。

- 采用专用电线杆，电线杆应坚固和绝缘良好。
- 线杆挡距不小于 35m，挡距内无接头。

- 线间距不小于 0.3m。
- 架空高度不小于距地面 4m，距机动车道 6m；距暂设工程顶端 2.5m；距广播通信线路 1m；距 0.4kV 交叉电力线路 1.2m；距 10kV 交叉电力线路 2.5m。
- 相序排列，用单横担架设时为 L1、N、L2、L3、PE；用双横担架设时，上层横担为 L1、L2、L3，下层横担为 L1、N、PE。

施工现场敷设电缆时应注意以下 5 点。

- 电缆敷设采用直埋地下或架空，严禁沿地面明设。
- 埋地敷设深度不小于 0.6m，并须覆盖硬质保护层，穿越建（构）筑物、道路及易受损伤场所时，须另加保护套瓷。
- 架空敷设时应采用沿墙或电杆绝缘固定，电缆的最大弧垂处距地不得小于 2.5m。
- 电缆接头盒应设置于地面以上，并能防水、防尘、防腐和防机械损。
- 在建工程内的临时电缆的敷设高度不得小于 1.8m。

对施工现场用电设备的负荷线有以下 5 点要求。

- 应采用橡胶护套，铜芯软电缆。
- 电缆的防护性能应与使用环境相适应。
- 电缆芯线中有用作保护接零的黄 - 绿双色绝缘线。
- 敷设的电缆应不受介质腐蚀和机械损伤。
- 电缆无中间接头和扭结。

三相五线接零保护线要求如下。

- 保护线（PE 线）的统一标志为黄 - 绿双色绝缘导线。
- PE 线应自专用变压器、发电机中性点处或配电室总配电箱电源进线处的零线（N 线）上引出。
- PE 线的截面应不小于所对应的工作零线截面，并满足机械强度要求，与电气设备相接的 PE 线应为截面不小于 2.5m^2 的多股绝缘铜线。

外露导电部分的保护接零要求如下。

- 应做保护接零的机械设备。
- 电动机、变压器、电焊机的金属外壳。
- 配电屏、控制屏的金属框架。
- 配电箱、开关箱的金属箱体。
- 电动机械和手持电动工具的金属外壳。
- 电动设备传动装置的固定金属部件。
- 电力线路的金属保护壳和敷线钢索。
- 起重机轨道。
- 电力线杆上电气装置的金属外壳和金属支架。
- 靠近带电部分的金属围栏和金属门等。

可不做保护接零的情况如下。

- 安装在配电屏、控制屏金属框架以及配电箱、开关箱的金属箱体上，并能保证金属性连接的电器、仪表的金属外壳。
- 安装在与发电机同一固定支架上的用电设备的金属外壳。

施工现场保护接零的连接规定如下。

- 保护接零线必须与PE线相连接，与工作零线（N线）相隔离。
- 自备发电机组电源与外电线路电源联锁，并与之三相五线制接零保护系统联锁，严禁并列运行。

配电屏（盘、箱）和开关箱的设置与使用，应注意以下11点。

- 动力配电和照明配电盘（箱）宜分开设置，如合置于一屏（盘、箱）中时，应分路设置。
- 配电箱、开关箱的箱体应用铁质或优质绝缘材料制作，并能防水、防尘。
- 配电屏（盘、箱）和开关箱应装设电源隔离开关（含分路隔离开关）、短路保护器、过载保护电器，其额定值和动作整定值应与其负荷相适应。
- 开关箱实行“一机一闸制”，不得设置分路开关。
- 配电屏（盘、箱）和开关箱中必须设置漏电保护器，其选择应符合国家GB 6829的要求。
- 配电屏（盘）和总配电箱中漏电保护器的额定漏电动作电流应大于30mA，额定漏电动作时间应大于0.1s，但其乘积应小于20mA•s，并应装设电压表、电流表和电度表。
- 开关箱中的漏电保护器，对于一般场所，额定动作电流不大于30mA，动作时间小于0.1s；对于潮湿和有腐蚀介质的场所，额定动作电流不大于15mA，时间小于0.1s。
- 屏（盘）、箱应作名称、用途、分路标记，箱门配锁，停止作业时断电上锁。箱内不得直接安装其他用电设备，不得放置杂物，更换熔体时，不得使用代用品。
- 维修人员必须是专业电工并必须使用绝缘电工器材。维修时，维修点的前一级电源开关必须分闸断电，并悬挂醒目的停电标牌。
- 配电屏（盘、箱）、开关箱周围应有宽度不小于1m的通道，并不得堆放杂物，不得有灌木杂草、液体浸溅、物体打击、强烈振动和热源烘烤，严禁存放易燃、易爆物和腐蚀介质。
- 屏（盘）箱必须安装牢固，移动式配电（开关）箱必须装设在坚固稳定的支架上，严禁置于地面。

配电室和控制室的基本要求及规定如下。

- 应靠近电源并设立在无灰尘、无蒸汽、无腐蚀介质和无振动的地方。
- 应自然通风，并有防雨雪、防动物进入措施。
- 配电室的建筑物的耐火等级不应低于3级，室内应配置消防用品。
- 配电室内必须按规定操作，保持亮度维修通道满足要求，保持清洁，严禁设置杂物，门应外开，并配锁。

施工现场照明供电要求如下。

- 一般场所的照明电压为220V。
- 地下室、高温、有导电粉尘和狭窄的场所，照明电压应不大于36V。
- 潮湿和易触及照明线路的场所，照明电压不大于24V。
- 特别潮湿、导电良好的地面、金属容器内，照明电压不大于12V。
- 照明变压器应为双绕组型，严禁使用自耦变压器。
- 正常环境下照明器选用开启型，潮湿环境下选用密闭防水型，易燃、易爆环境下选用防爆型。

施工现场防雷接地要求如下。

- 配电室和总配电箱进、出线处应设阀型避雷器或将其架空，进、出线处绝缘子铁脚做防雷接地。
- 防雷接地的电阻值不大于3Ω。
- 当施工现场与外电线路处于同一供电系统时，电气设备应根据当地规定做保护接零或接地，不得一部分设备采用保护接零，而另一部分设备采用保护接地。
- 施工现场的电力系统严禁利用大地作为相线或零线。
- 作防雷接地的电气设备，必须同时做重复接地。
- 保护零线的每一重复接地电阻值应不大于10Ω，塔吊的重复接地电阻值不应大于4Ω。

用电设备相关要求如下。

- 用电设备在5台以上或用电设备在50kW以上时，应编制临时用电施工组织设计方案。
- 用电设备在5台或用电设备在50kW以下时，应编制安全用电技术措施和用电防火措施。

对施工现场用电设备的要求如下。

- 符合用电设备不带电的外露导线部分保护接零规定。
- 保护外壳完备。
- 绝缘电阻值不小于：异涉电动机的定子冷态2MΩ，定子热态0.5MΩ，转子冷态0.8 MΩ，转子热态0.15MΩ；手持电动工具，Ⅰ类2MΩ，Ⅱ类7MΩ，Ⅲ类10MΩ。
- 设备周围不得堆放易燃、易爆物。

4.2.10 值班室安全管理制度

1. 值班室的作用

值班室的值班工作是沟通上下、联系内外、协调左右的信息枢纽，保证了设备设施的正常运行，是运维工作顺利进行的重要保障。

2. 值班室安全管理制度的内容

值班室安全管理制度有 11 条，具体如下。

（1）坚守工作岗位，做到干净整洁。不得擅离职守，不得嬉戏打闹，有玩手机、吃东西等行为。

（2）值班员工在值班时间内不做与值班无关的事情。

（3）值班人员在值班期间严禁饮酒，一经发现严肃处理。

（4）值班室用过的废纸要放在纸篓内并及时清除，不准带出园区。

（5）下班前要对室内进行检查，确保安全后才能进行交接班工作。

（6）维护好室内秩序，保持室内整洁，禁止无关人员进入，禁止外部人员逗留。

（7）按规定时间交接班，不得迟到早退，并在交班前写好交接班记录。

（8）定期组织人员对值班区域进行安全检查。

（9）值班记录填写清楚、详细。当班时发现的问题，要在当班时及时处理；一时处理不了的，向接班人员交代清楚后才可交接；重大事件时由带班主管确认后才可交接。

（10）交接班必须按照交接班制度进行，不可随意进行。

（11）经允许进入的人员不得超时逗留，不得大声喧哗、聊天，不得干与来访事件无关的事情。

4.2.11　机房安全防火制度

为了维护设备设施运行正常，杜绝客观因素危害设施设备，特制订安全防火制度。

机房安全防火制度的内容包括以下 13 条。

（1）机房内禁止存放和使用易燃易爆物品，用过的抹布棉纱等物品应随时存放在箱内或放在室外安全地点，不得乱扔。机房内严禁吸烟或携带打火机。未办理动火证手续，机房内不得动用明火；现场必须使用电炉、喷灯时，应做好防火措施。

（2）机房与工作室的钥匙配发由有关部门管理，任何人不得私自配制或给他人使用。不经批准，外来人员不得进入机房。

（3）机房内应备有一定数量的灭火器，并指定人员负责定期检查。要协调保卫部定期检查防火设施，发现过期失效的防火设备，及时上报保卫部更换。

（4）不允许在机房内擅自搭接电源，不得使用超大负荷电器。

（5）在机房附近施工应严格遵守用火规定，并做好防护措施。

（6）机房内不同种类的测试电源，应使用不同种类的插座，以防插错高低压电源造成机障和阻断。电源线要符合耐压标准。

（7）任何人不能随意更改消防系统工作状态、设备位置。需要变更消防系统工作状态和设备位置的，必须取得主管领导批准。工作人员更应保护消防设备不被破坏。

（8）机房管理人员应熟悉机房内部消防安全操作和规则，了解消防设备操作原理，掌握消防应急处理步骤、措施和要领以及灭火器的正确使用方法。

（9）根据实际情况配备消防设施，对消防设施不准擅自搬动，也不准挪作他用。

（10）测试电器设备是否通电，只许使用测试仪表，禁止用手接触电器设备的带电部分和用短路等方法进行试验。

（11）应定期进行消防常识培训、消防设备使用培训。如发现消防安全隐患，应即时采取措施解决，不能解决的应及时向相关负责人员报告。

（12）最后离开机房的工作人员，应检查消防设备是否完好。

（13）机房运维工作人员要达到“三懂”“三会”“三能”的要求。“三懂”：懂得本岗生产过程和设备发生火灾的危害性；懂得预防火灾的手段；懂得火灾扑救的基本知识。“三会”：会用消防器材；会处理火灾事故；会火灾报警。“三能”：能自觉遵守安全管理规定；能及时发现火情火险；能有效扑救初起火灾，做到自防自救。

4.2.12 危险品管理制度

为了加强对化学危险品的安全管理，保证园区生产安全，保护环境，保护人身、财产安全，特制订本条例。

危险品管理制度的内容包括以下5条。

1. 库房职责

（1）负责易燃易爆危险物品的日常安全监督管理。

（2）负责易燃易爆危险物品注册登记，建立档案。

（3）负责易燃易爆危险物品的装卸管理。

（4）负责易燃易爆危险物品的出入库管理。

（5）负责易燃易爆危险物品安全标签、安全技术说明书的查看，对易燃易爆危险物品包装物和废弃危险化学品的处置实施监督管理。

（6）负责废弃的易燃易爆危险物品包装物的回收管理。

2. 储存和使用管理

（1）储存和使用人员必须熟悉易燃易爆危险物品的性能，掌握个人防护和安全操作方面的知识，防止造成污染或人身伤害；储存和使用人员在操作过程中，应穿戴好必要的防护用品，并按有关操作规程进行操作。

（2）根据易燃易爆危险物品的种类、特性，在车间、库房等作业场所设置相应的安全设施、设备，并按照国家标准和国家有关规定进行维护、保养，保证符合安全运行要求；对易燃易爆危险物品的储存量和用途如实记录。

（3）易燃易爆危险物品必须储存在专用仓库内，储存方式、方法与储存数量必须符合国家标准，并由专人管理。

（4）易燃易爆危险物品的包装物、容器，必须符合国家有关规定。

（5）重复使用的危险化学品包装物、容器在使用前应进行检查，并作好记录。

（6）在易燃易爆危险物品的包装内附有与本化学品完全一致的化学品安全技术说明书，并在包装（包括外包装件）上加贴或者拴挂与包装内危险化学品完全一致的化学品安全标签。

（7）储存时码放不能过高。泡沫、纸箱类的码放高度与灯之间的距离应大于 0.5m，助焊剂、工业用酒精的码放高度不能超过两层。

3. 装卸管理

（1）对装卸管理人员进行有关安全知识培训，使其掌握危险化学品的安全知识；危险化学品的装卸作业，必须在装卸管理人员的现场指挥下进行。

（2）搬运易燃易爆危险物品时要轻拿轻放，严防震动、撞击、摩擦、重压和倾倒。

（3）人力搬运易燃易爆危险物品不能超过人体重量的二分之一，人力车运输不得超过载重量的二分之一，以防跌倒、翻车、碰撞而发生事故。

4. 出入库管理

（1）危险化学品必须储存在专用仓库或专用场地内，并设置明显标志；危险化学品的储存方式、方法与储存量必须符合国家规定，并由专人管理。

（2）危险化学品出入库必须严格执行收发、登记、清点、检查制度。

5. 废弃管理

（1）易燃易爆危险品的包装箱、纸袋、瓶、桶等必须严格管理，统一回收；铁制包装容器不经彻底洗刷干净，不得改作它用；凡拆除的容器、设备和管道内如带有危险物品，必须先清洗干净，验收合格后方可报废。

（2）生产、使用过程中所产生的废水、废气、废渣的排放，必须符合国家有关排放标准。

4.2.13 安全培训制度

为了加强员工的安全意识，安全操作，保障设施设备的安全运行，促进园区安全发展，结合公司的实际情况制定本制度。

安全培训制度的内容包括以下 2 条。

1. 人员基本要求

（1）新员工、实习人员和临时参加劳动的人员（管理人员、临时工等）必须经过安规培训和其他安全教育培训，考试合格后方可上岗，新入职员工安全培训按班组培训计划执行，行方考核每 2 月 1 批次。

（2）所有员工必须熟悉本岗位的安全职责，掌握本岗位的安全知识和技能。每年组织1次安全管理规程考试，对考试不合格的人员重新培训本规程，直到考试合格后方可重新上岗。

（3）因故间断本岗位工作连续3个月以上者，应重新学习本规程，并经考试合格后，方能恢复工作。

（4）定期根据本规程开展安全活动，每年开展1次本专业安全事故应急演练，其他演练按园区组织演练执行。

（5）各级岗位指定安全责任人、各班组采取轮值安全员的方式，全员参与安全监督管理。

（6）全体在岗人员必须每年体检1次，经当地三甲医院鉴定，无妨碍工作的病症、体检合格方可上岗。

（7）具备必要的安全生产知识，学会紧急救护法，特别要学会触电急救。

（8）任何人发现有违反本制度的情况应立即制止，经纠正后才能恢复作业。

（9）各类作业人员有权拒绝违章指挥和强令冒险作业。

（10）在发现直接危及人身和设备安全的紧急情况时，有权停止作业或者在采取可能的紧急措施后，撤离作业场所并立即报告。

2. 工具使用要求

1）对通用工具的要求

（1）使用工具前应进行检查，机具应按其出厂说明书和铭牌的规定使用，不准使用已变形、已破损、铭牌模糊不清或有故障的机具。

（2）大锤和手锤的锤头应完整，其表面应光滑微凸，不准有歪斜、缺口、凹入及裂纹等情形。

（3）大锤及手锤的柄应用整根的硬木制成，不准临时用大木料劈开制作；手柄应装得十分牢固并将头部用楔栓固定，锤把上不可有油污。

（4）不准戴手套或用单手抡大锤，周围不准有人靠近。

（5）狭窄区域使用大锤应注意周围环境，避免反击力伤人。

（6）用凿子凿坚硬或脆性物体时（如生铁、生铜和水泥等），应戴防护眼镜，必要时装设安全遮栏以防碎片打伤旁人。

（7）凿子被锤击部分有伤痕不平整、沾有油污等不准使用。

（8）锉刀、手锯、木钻、螺丝刀等的手柄应安装牢固，没有手柄的不准使用。

（9）使用射钉枪、压接枪等爆发性工具时，除严格遵守说明书的规定外，还应遵守爆破的有关规定。

（10）砂轮应进行定期检查，确认无裂纹及其他不良情况。

（11）砂轮应装有用钢板制成的防护罩，其强度应保证当砂轮碎裂时挡住碎块。

（12）防护罩至少要把砂轮的上半部罩住。

（13）禁止使用没有防护罩的砂轮（特殊工作需要的手提式小型砂轮除外）。

（14）砂轮机的安全罩应完整，并经常调节防护罩的可调护板，使可调护板和砂轮间的距离不大于 1.6mm。

（15）应随时调节工件托架以补偿砂轮的磨损，使工件托架和砂轮间的距离不大于 2mm。

（16）使用砂轮研磨时，应戴防护眼镜或装设防护玻璃。

（17）用砂轮磨工具时应使火星向下。

（18）不准用砂轮的侧面研磨。

（19）无齿锯应符合上述各项规定，使用时操作人员应站在锯片的侧面，锯片应缓慢地靠近被锯物件，不准用力过猛。

（20）潜水泵使用前应检查外壳，确认无裂缝、破损，电源开关动作应正常、灵活，机械防护装置应完好，电气保护装置应良好，校对电源的相位，通电检查空载运转防止反转。

2）对电气工具和用具的要求

（1）电气工具和用具应由专人保管，每 6 个月应由电气试验单位进行定期检查。

（2）使用前应检查电线是否完好，有无接地线，不合格的禁止使用。

（3）使用时应按有关规定接好剩余电流动作保护器（漏电保护器）和接地线，使用中发生故障应立即修复。

（4）使用带金属外壳的电气工具时应戴绝缘手套。

（5）使用电气工具时，不允许提着电气工具的电源导线或转动部分；在梯子上使用电气工具时，应做好安全措施防止感应电导致触电、坠落。

（6）在使用电气工具工作中，因故离开工作场所或暂时停止工作以及遇到临时停电时，应立即切断电源。

（7）电动的工具、机具应接地或接零良好。

（8）电气工具和用具的电线不准接触热体，不要放在湿地上，并避免载重车辆和重物压在电线上。

（9）移动式电动机械和手持电动工具的单相电源线应使用三芯软橡胶电缆。

（10）三相电源线在三相四线制系统中应使用四芯软橡胶电缆，在三相五线制系统中宜使用五芯软橡胶电缆。

（11）连接电动机械及电动工具的电气回路应单独设开关或插座，并装设剩余电流动作保护器（漏电保护器），金属外壳应接地。

（12）电动工具应做到“一机一闸一保护”。

（13）手持电动工器具如有绝缘损坏、电源线护套破裂、保护线脱落、插头插座裂开或有损于安全的机械损伤等故障时，应立即进行修理，在未修复前，不得继续使用。

（14）长期停用或新领用的电动工具应用 500V 的绝缘电阻表测量其绝缘电阻，如带电部件与外壳之间的绝缘电阻值达不到 2MΩ，应进行维修处理。正常使用的电动工具也应对绝缘电阻进行定期测量、检查。

（15）电动工具的电气部分经维修后，应进行绝缘电阻测量及绝缘耐压试验，试验电压为 380V，试验时间为 1min。

（16）在潮湿或含有酸类的场地上以及在金属容器内应使用24V及以下电动工具，否则应使用带绝缘外壳的工具，并装设额定动作电流不大于10mA，一般型（无延时）的剩余电流动作保护器（漏电保护器），且应设专人不间断地监护。剩余电流动作保护器（漏电保护器）、电源连接器和控制箱等应放在容器外面。电动工具的开关应设在监护人伸手可及的地方。

4.2.14 特殊工种资格证管理制度

特殊工种资格证管理制度有以下6条。

（1）员工面试后，面试官对应聘人员所持作业证件的工种和有效期进行检查，确认符合录用要求。

（2）公司人力资源部验证入职员工所持特种作业证书真实有效，并将证书复印存档。

（3）入职后扫描特种作业证书，电子版存入运维项目专用档案计算机存档。

（4）对特种作业人员资格证书，每年对所有持证人员特种作业证复审日期进行统计，并张贴于项目公告栏内公示，并跟进复审结果公示更新。

（5）复试完毕后，重新扫描复审合格的特种作业证书，新电子版替换作废版本并存储；复试人员同时向项目安全员申请，在《特种工操作证统计表》公示结果。

（6）特种作业人员直接上级和负责证书档案的管理人员，有义务提醒特种作业证书复审时间。

4.2.15 节假日安全管理制度

节假日是安全生产的特殊时期，必须要加强组织、加强领导、落实责任，确保节假日期间安全生产，特制定此制度。

1. 节假日的定义

节假日是指国家法定的带有休息日的节日和公司自行组织的休息日（连续休息时间多于1自然日的，如春节、国庆节、国际劳动节，以及其他临时通知的特殊时间）。

2. 节前安全检查

在节日前要认真开展全面的、拉网式的安全检查，认真排查隐患，能整改的要立即组织整改，不能整改的要专人负责，落实责任，落实监控措施，落实事故预案，定期检查，确保安全受控。

3. 节假日期间的安全要求

（1）值班人员要尽职尽责，熟悉业务，坚守岗位，保证联络畅通，遇有重大问题和紧急突发事件要及时请示报告，妥善处理，不得延误。

（2）加强岗位运维人员的安全意识，节假日期间岗位应保持足够的运维人员，原则上不能请假。运维人员要严格执行规章制度，保证工作安全有序。

（3）领导原则上不能外出，如有特殊情况，须按规定程序请假，并指定负责人。要做到制度落实到位，安全意识集中，工作安全和人身安全。

（4）节假日期间尽量避免危险作业，如确因工作需要，所有危险作业进行升级管理。

（5）节假日期间运维人员要加强对安全重点部位进行巡查，发现隐患及时组织整改。

（6）安全值班期间，要全面掌握当班安全情况，认真组织对重点部位、关键环节、危险源点进行检查巡视，发现隐患及时消除，监督各项安全规章制度的落实。

（7）带班主管要把保证设备设施安全运维作为首要的责任，全面掌握安全生产状况，加强对重点部位、关键环节、危险源点的检查，并指导现场人员安全作业。

（8）重大节日需安排节日值班计划，各层主要领导、骨干必须排班，提前3天上报公司或行方备案。

（9）节日安全检查应在节日前完成检查，检查计划应在节日前2周上报行方批准。

4.2.16 保密管理制度

为了确保企业和客户各类商业信息安全，确保信息不外泄，不给企业和客户造成不必要的伤害，在营运过程中处于保密以及正常状态，确保良好的运营秩序，特制定本制度。

保密管理制度的内容包括以下2条。

1. 公司资产与保密

（1）每个员工都有责任确保公司的资产安全，并保证公司资产仅用于公司的业务。

（2）这里的资产包括：通信器材、设备、办公用品、专有的知识产权、商业秘密、技术资料、电子文档和其他资源等（包括但不限于这些形式和内容）。

（3）未经批准，不得利用工作时间、工作场所或使用公司的设施从事与公司工作无关的任何事情。

（4）员工离职时必须归还其持有的所有公司资产，包括但不限于工作文件及任何含有公司信息的媒介。

（5）不得损坏公司资产，也不得通过任何方式泄露或使用公司的商业秘密（包括但不限于客户信息、技术信息和经营信息）。

（6）公司现有的资产管理规定、知识产权和保密协议、保密规定、经营承包合同等方面的制度都是保密制度约束范围的一部分。

（7）未经发件人或直接领导授权，员工不得将收到的工作邮件、文件或信息转发给他人。

（8）工薪保密。

2. 特殊保密制度

当因工作原因进入用户的涉密场所、接触到客户的涉密资料或接触到公司特殊管制的技术、商务资料时，应当遵守以下保密守则。

（1）不该说的机密，绝对不说。

（2）不该问的机密，绝对不问。

（3）不该看的机密，绝对不看。

（4）不该记录的机密，绝对不记录。

（5）不在非保密本上记录机密。

4.2.17 安全生产处罚制度

制定维修维护作业、巡检作业以及旁站监督作业等安全生产处罚制度。对于初次、较轻微的错误行为给予警告或批评处罚，对于屡教不改的行为除给予批评通报外，还应给予一定的经济处罚，而对于给甲方或客户（数据中心用户）造成损失的行为除给予经济处罚外，还应开除运维团队。

1. 维修维护作业安全生产处罚制度

维修维护作业安全生产处罚制度分为供配电维修维护作业、暖通空调和弱电维修维护作业。

（1）供配电维修维护作业安全生产处罚制度如表 4-29 所示。

表 4-29 供配电维修维护作业安全生产处罚制度

序号	设备名称	风险类别	违规作业行为	第一次违规	累计 2 次违规
1	高压柴油发电机组	高空坠落	独自登梯作业	警告	罚款
2		物体打击	独自拆卸发电机侧盖板	警告	罚款
3		化学伤害	未按照安全员要求，穿戴劳保用品	罚款	罚款
4		触电	未遥测对地、相间绝缘，合闸送电行为	罚款	罚款
5			未戴绝缘手套	警告	罚款
6		机械伤害	机组未停止或者未完全停止就拆卸防护罩进行检修维护	罚款	罚款
7	室外储油罐、日用油箱	触电	未经批准，雷雨天气进入罐区	罚款	罚款
8		化学伤害	未按照安全员要求穿戴劳保用品	罚款	罚款
9		物体打击	拆卸管路时未按操作规程作业	警告	罚款
10		踏空	记录数据时，脚踩线缆线槽	警告	罚款
11	高压配电柜、柴油发电机并机柜	触电	未遥测对地相间绝缘，送电合闸	罚款	罚款
12			未按要求穿戴安全防护用品	警告	罚款
13		物体打击	未按规程操作	警告	罚款

续表

序号	设备名称	风险类别	违规作业行为	第一次违规	累计2次违规
14	保护装置	触电	未摇测对地相间绝缘，合闸送电	罚款	罚款
15			未按要求穿戴安全防护用品	警告	罚款
16		物体打击	未按规程操作	警告	罚款
17	柴油发电机	高空坠物	未按要求穿戴安全防护用品	警告	罚款
18		踏空	维护风机过程中，踏空梯子行为	警告	罚款
19	变压器	触电	未测量电源相间、对地绝缘，合闸送电行为	警告	罚款
20		物体打击	未按规程操作	警告	罚款
21	低压配电柜	触电	未测量电源相间、对地绝缘，合闸送电行为	罚款	绩效
22			未按要求穿戴安全防护用品	警告	罚款
23		物体打击	未按规程操作	警告	罚款
24	电容补偿柜	触电	未测量电源相间、对地绝缘，合闸送电行为	罚款	绩效
25			未按要求穿戴安全防护用品	警告	罚款
26		物体打击	未按规程操作	警告	罚款
27	直流屏	触电	未测量电源相间、对地绝缘，合闸送电行为	警告	罚款
28		物体打击	未按规程操作	警告	罚款
29	UPS	触电	未遥测对地相间绝缘，合闸送电行为	罚款	罚款
30			未按要求穿戴安全防护用品	警告	罚款
31		高空坠物	未戴安全帽	警告	罚款
32		物体打击	未按规程操作	警告	罚款
33	电缆夹层、竖井	触电	未按要求戴安全防护用品	警告	罚款
34		高空坠物	未戴安全帽	警告	罚款
35		踏空	未按规程操作	警告	罚款
36	蓄电池	化学伤害	未按照安全员要求穿戴劳保用品	警告	罚款
37		触电	未按要求穿戴安全防护用品	警告	罚款
38		物体打击	未按要求穿戴安全防护用品	警告	罚款
39		踏空	未按规程操作	警告	罚款
40	汇流柜	触电	未测量电源相间、对地绝缘，合闸送电行为，未测量直流电流就分合熔断刀闸	罚款	绩效
41			未按要求佩戴安全防护用品	警告	罚款
42		物体打击	未按规程操作	警告	罚款
43		化学伤害	未按照安全员要求穿戴劳保用品	警告	罚款
44	末端配电箱、柜	触电	未遥测对地相间绝缘，合闸送电	警告	罚款
45		高空坠物	未戴安全帽	警告	罚款
46		机械伤害	未按规程操作	罚款	罚款
47	动力电缆	触电	未按规程操作	警告	罚款

续表

序号	设备名称	风险类别	违规作业行为	第一次违规	累计 2 次违规
48	密集母线	高空坠物	未戴安全帽	警告	罚款
49		触电	未按要求穿戴安全防护用品	警告	罚款
50		物体打击	未按规程操作	警告	罚款
51		踏空	未按规程操作	警告	罚款
52	电缆桥架	高空坠物	未戴安全帽	警告	罚款
53		触电	未按要求穿戴安全防护用品	警告	罚款
54		物体打击	未按规程操作	警告	罚款
55		踏空	未按规程操作	警告	罚款
56	室外假负载	高空坠物	未戴安全帽，未拉警戒线	警告	罚款
57		触电	未按要求穿戴安全防护用品	警告	罚款
58		物体打击	未按规程操作	警告	罚款
59		踏空	未按规程操作	警告	罚款
60		自然伤害	恶劣天气未经批准进行操作	罚款	绩效
61	模拟屏	高空坠落	独自登梯作业行为	警告	罚款
62		踏空	未按规程操作	警告	罚款
63	临时用电设备	触电	未测量电源相间、对地绝缘，合闸送电行为	罚款	绩效
64		机械伤害	未按规程作业行为	警告	罚款
65		高空坠物	未戴安全帽	警告	罚款
66		自然伤害	恶劣天气未经批准进行操作	罚款	绩效
67		踏空	未按规程操作	警告	罚款
68	查验期间涉及设备	触电	未测量电源相间、对地绝缘，合闸送电行为	罚款	绩效
69		物体打击	独自拆卸设备	警告	罚款
70		触电	未戴绝缘手套	警告	罚款
71		机械伤害	设备未停止或者未全停止就进行操作	警告	罚款
72		踏空	维护管道阀门过程中，拆卸地板支架行为	警告	罚款
73	角磨机	机械伤害	未按照操作规程作业行为	罚款	绩效
74	切割机	机械伤害	未按照操作规程作业行为	罚款	罚款
75	电焊	火灾隐患	未按照操作规程作业行为	罚款	绩效
76		物理伤害	未按照操作规程作业行为	罚款	绩效
77	台钻	机械伤害	未按要求穿戴劳保用品行为	罚款	绩效
78	三脚架	机械伤害	未按操作规程操作行为	罚款	绩效
79	搬运	物体打击	货物至 1.2m 度，独自拉货行为	罚款	罚款
80	脚手架	物体打击	未系安全带高空作业行为	罚款	绩效

（2）暖通、弱电维修维护作业安全生产处罚制度如表 4-30 所示。

表 4-30 暖通、弱电维修维护作业安全生产处罚制度

序号	设备名称	风险类别	违规作业行为	第 1 次违规	累计 2 次违规
1	风冷冷水机组	高空坠落	独自登梯进行冷凝风扇作业	警告	罚款
2		物体打击	独自拆卸压缩机、水泵盖板、蒸发器侧盖板	警告	罚款
3		化学伤害	未按照安全员要求穿戴劳保用品	罚款	罚款
4		触电	未遥测对地相间绝缘，合闸送电行为	罚款	罚款
5			未戴绝缘手套	警告	罚款
6		自然伤害	未经批准在雷电天气进入楼顶平台	罚款	绩效
7		物理伤害	未戴手套加注制冷剂或者未使用点温仪测量温度	警告	罚款
8		踏空	记录数据时，脚踩线缆线槽	警告	罚款
9	一次泵	触电	未摇测对地相间绝缘，合闸送电	警告	罚款
10		机械伤害	水泵未停止或者未完全停止就拆卸联轴器防护罩进行检修维护	罚款	罚款
11		物体打击	拆卸水泵时未按操作规程作业	警告	罚款
12			独自拆卸管道过滤器	警告	罚款
13			进入一次泵房未戴安全帽	警告	罚款
14	二次泵	触电	未摇测对地相间绝缘，合闸送电	罚款	罚款
15		机械伤害	水泵未停止或者未完全停止就拆卸联轴器防护罩进行检修维护	警告	罚款
16		物体打击	拆卸水泵时未按操作规程作业	警告	罚款
17			独自拆卸管道过滤器	警告	罚款
18	水冷精密空调	触电	未测量电源相间、对地绝缘，合闸送电行为	警告	罚款
19		物体打击	独自拆卸空调左右侧板	警告	罚款
20		机械伤害	空调未停止或者未完全停止就打开空调门，对 EC 风机进行维护	罚款	罚款
21		踏空	维护管道阀门过程中，拆卸地板支架行为	警告	罚款
22	列间空调	触电	未测量电源相间、对地绝缘，合闸送电行为	警告	罚款
23		踏空	维护管道阀门过程中，拆卸地板支架行为	警告	罚款
24		物体打击	独自拆卸空调左右侧板行为	警告	罚款
25	蓄冷罐	高空坠落	未经批准擅自登高蓄冷罐行为 维护过程未系安全带行为	罚款	绩效
26		物体打击	巡检过程中沿墙根行走行为	警告	罚款
27	新风机组	触电	未测量电源相间、对地绝缘，合闸送电行为	警告	罚款
28		机械伤害	未按维修规程作业行为	警告	罚款
29		有限空间	维修人员同时进入舱室维修行为	罚款	罚款

续表

序号	设备名称	风险类别	违规作业行为	第 1 次违规	累计 2 次违规
30	组合式空调	触电	未测量电源相间、对地绝缘，合闸送电行为	警告	罚款
31		机械伤害	未按维修规程作业行为	警告	罚款
32	管网	高空坠落	未系安全带高空作业行为	警告	罚款
33		有限空间	未按操作规程操作行为	罚款	绩效
34		踏空	维护管道阀门过程中，拆卸地板支架行为	警告	罚款
35	湿膜加湿机	触电	未测量电源相间、对地绝缘，合闸送电行为	警告	罚款
36		物体打击	独自拆卸空调左右侧板行为	警告	罚款
37		踏空	维护管道阀门过程中，拆卸地板支架行为	警告	罚款
38	给排水	物体打击	维护管道阀门过程中，拆卸地板支架行为	警告	罚款
39	水源热泵机组	触电	未遥测对地相间绝缘，合闸送电行为	罚款	罚款
40		触电	未遥测对地相间绝缘，合闸送电行为	警告	罚款
41		物理伤害	未戴手套加注制冷剂或者未使用点温仪测量温度	警告	罚款
42		物体打击	独自拆卸管道过滤器行为	警告	罚款
43	水源热泵循环水泵	触电	未遥测对地相间绝缘，合闸送电行为	警告	罚款
44		机械伤害	水泵未停止或者未完全停止，拆卸联轴器防护罩进行检修维护	罚款	罚款
45		物体打击	拆卸水泵时未按操作规程作业	警告	罚款
46	定压补水	触电	未测量电源相间、对地绝缘，合闸送电行为	警告	罚款
47	自动加药机		未测量电源相间、对地绝缘，合闸送电行为	警告	罚款
48		化学伤害	未按照安全员要求穿戴劳保用品	罚款	罚款
49	软化水	化学伤害	未按照安全员要求穿戴劳保用品	警告	罚款
50		高空坠落	爬梯脱焊继续登高作业行为	警告	罚款
51	水冷 VRF	高空坠落	独自登梯作业行为	警告	罚款
52		物体打击	独自登梯作业行为	警告	罚款
53		踏空	维护管道阀门过程中，拆卸地板支架行为	警告	罚款
54	真空脱气机	物体打击	未按照操作规程作业行为	警告	罚款
55	风机盘管	高空坠落	独自登梯作业行为	警告	罚款
56		物体打击	独自登梯作业行为	警告	罚款

续表

序号	设备名称	风险类别	违规作业行为	第 1 次违规	累计 2 次违规
57	风冷热泵机组	高空坠落	未遥测对地相间绝缘，合闸送电行为	警告	罚款
58		物体打击	独自拆卸压缩机、水泵盖板行为	警告	罚款
59		触电	未遥测对地相间绝缘，合闸送电行为	罚款	罚款
60			未戴绝缘手套	警告	罚款
61		物理伤害	未戴手套加注制冷剂或者未使用点温仪测量温度	警告	罚款
62	组合式新风空调机组	触电	未测量电源相间、对地绝缘，合闸送电行为	警告	罚款
63		机械伤害	未按维修规程作业行为	警告	罚款
64		有限空间	维修人员同时进入舱室维修行为	警告	罚款
65	风冷精密空调	触电	未测量电源相间、对地绝缘，合闸送电行为	警告	罚款
66		物体打击	独自拆卸空调左右侧板	警告	罚款
67		机械伤害	空调未停止或者未完全停止就打开空调门，对 EC 风机进行维护	警告	罚款
68		踏空	维护管道阀门过程中，拆卸地板支架行为	警告	罚款
69	风冷 VRF	高空坠落	独自登梯作业行为	警告	罚款
70		物体打击	独自登梯作业行为	警告	罚款
71			独自拆卸空调左右侧板	警告	罚款
72	角磨机	机械伤害	未按照操作规程作业行为	罚款	绩效
73	切割机	机械伤害	未按照操作规程作业行为	罚款	罚款
74	电焊	火灾隐患	未按照操作规程作业行为	罚款	绩效
75		物理伤害	未按照操作规程作业行为	罚款	绩效
76	气焊	火灾隐患	未按照操作规程作业行为	罚款	绩效
77		物理伤害	未按照操作规程作业行为	罚款	绩效
78		易爆危害	未按照操作规程作业行为	罚款	绩效
79	台钻	机械伤害	未按要求穿戴劳保用品行为	罚款	绩效
80	三脚架	机械伤害	未按操作规程操作行为	罚款	绩效
81	搬运	物体打击	货物至 1.2m 高度，独自拉货行为	罚款	罚款
82	脚手架	物体打击	未系安全带高空作业行为	罚款	绩效
83	机柜	触电	未测量电源，直接连接电源送电	警告	罚款
84		机械伤害	未戴手套检查综合布线	警告	罚款
85	服务器	触电	未测量电源，直接连接电源送电	警告	罚款
86		物体打击	独自拆卸更换	警告	罚款
87	交换机	触电	未测量电源，直接连接电源送电	警告	罚款
88		物体打击	独自拆卸更换	警告	罚款
89	DDC 控制箱	触电	未测量电源，直接连接电源送电	警告	罚款

续表

序号	设备名称	风险类别	违规作业行为	第 1 次违规	累计 2 次违规
89	温湿度探测器	触电	未测量电源，直接连接电源送电	警告	罚款
90		高空坠落	独自登梯作业行为	警告	罚款
92	氢气探测器	触电	未测量电源，直接连接电源送电	警告	罚款
93		高空坠落	独自登梯作业行为	警告	罚款
94	空气腐蚀度探测器	触电	未测量电源，直接连接电源送电	警告	罚款
95		高空坠落	独自登梯作业行为	警告	罚款
96	电池检测模块	触电	未戴绝缘手套、未使用绝缘工具进行电池检测线检测	警告	罚款
97	PLC 控制柜	触电	未测量电源，直接连接电源送电	警告	罚款
98		机械伤害	未戴手套检查综合布线	警告	罚款
99	通信管理机	触电	未测量电源，直接连接电源送电	警告	罚款
100		物体打击	独自拆卸更换	警告	罚款
101	工作站	触电	未测量电源，直接连接电源送电	警告	罚款
102		物体打击	未正确穿戴劳保用品	警告	罚款
103	显示器	触电	未测量电源，直接连接电源送电	警告	罚款
104		物体打击	未正确穿戴劳保用品	警告	罚款

2. 巡检作业安全生产处罚制度

巡检作业安全生产处罚制度分为供配电巡视巡检作业、暖通空调和弱电巡视巡检作业，具体如下所述。

（1）供配电巡视巡检作业安全生产处罚制度如表 4-31 所示。

表 4-31　供配电巡视巡检作业安全生产处罚制度

序号	风险因素	风险类别	违规行为	第 1 次违规	累计 2 次违规
1	楼梯	踏空	上下楼时使用手机及阅读文档行为	警告	罚款
2	楼顶地面	踏空	楼顶巡检时多次踩踏青苔、积水行走	警告	罚款
3	室外油罐、管路、日用油箱	火灾	携带火种进入油罐区	罚款	绩效
4	室外油罐、管路、日用油箱	有限空间	未充分通风和加设增氧设备	罚款	绩效
5	室外油罐、管路、日用油箱	触电	未经批准，在雷雨天气去油罐区	罚款	绩效
6	室外油罐、管路、日用油箱	踏空	未按要求进行巡视	警告	罚款
7	密集母线	高空坠物	未按要求戴安全帽	警告	罚款

续表

序号	风险因素	风险类别	违规行为	第 1 次违规	累计 2 次违规
8	电缆夹层、竖井	踏空	未按要求进行巡视	警告	罚款
9	临时用电	触电	巡检过程中习惯性触摸碰触设备外壳	警告	罚款
10			未测量电源相间、对地绝缘，合闸送电行为	罚款	绩效
11		踏空	未按要求进行巡视	警告	罚款
12		高空坠落	未按要求戴安全帽	警告	罚款
13	查验接收	触电	巡检过程中习惯性碰触设备外壳	警告	罚款
14			未测量电源相间、对地绝缘，合闸送电行为	罚款	绩效
15		踏空	未按要求进行巡视	警告	罚款
16		高空坠落	未按要求戴安全帽	警告	罚款
17	货物吊装口	高空坠落	倚靠机房楼 2 ～ 4 层货物吊装口卷帘门行为	罚款	罚款
18	供配电设备	触电	巡检过程中习惯性碰触设备外壳	警告	罚款
19	拆卸区	其他	经过拆卸平台，习惯性踩踏货物带钉的包装木板	警告	罚款
20	防静电地板	踏空	在不平整或者维修区域的防静电地板处跑动行为	警告	罚款
21	恶劣天气	触电	在雷电天气发生的过程中，私自去机房楼顶层巡检行为	罚款	罚款

（2）暖通空调、弱电巡视巡检作业安全生产处罚制度如表 4-32 所示。

表 4-32 暖通空调、弱电巡视巡检作业安全生产处罚制度

序号	风险因素	风险类别	违规行为	第 1 次违规	累计 2 次违规
1	楼梯	踏空	上下楼时使用手机及阅读文档行为	警告	罚款
2	楼顶地面	踏空	楼顶巡检时多次踩踏青苔、积水行走	警告	罚款
3	蓄冷罐墙根	高空坠落	巡检过程为了走捷径，顺着墙根到达蓄冷罐处	罚款	罚款
4	一次泵房	物体打击	在一次泵房巡检过程中，不戴安全帽	警告	罚款
5	二次泵房	其他	走冷热源机房金属楼梯时使用手机及阅读文档行为	警告	罚款
6	货物吊装口	高空坠落	倚靠机房楼 2 ～ 4 层货物吊装口卷帘门行为	罚款	罚款
7	设备	触电	巡检过程中习惯性碰触设备外壳	警告	罚款
8	拆卸区	其他	经过拆卸平台，习惯性踩踏货物带钉的包装木板	警告	罚款

续表

序号	风险因素	风险类别	违规行为	第 1 次违规	累计 2 次违规
9	防静电地板	踏空	在不平整或者维修区域的防静电地板处跑动行为	警告	罚款
10	恶劣天气	触电	在雷电天气发生过程中，私自去机房楼顶层巡检行为	罚款	罚款
11	弱电间	物体打击	在弱电间巡检过程中，不戴安全帽	警告	罚款

3. 旁站监督作业安全生产处罚制度

旁站监督作业安全生产处罚制度包括以下 2 条。

（1）监督缺失。存在监督缺失现象，处罚如表 4-33 所示。

表 4-33 监督缺失处罚

序号	岗位	监督缺失现象	第 1 次违规	累计 2 次违规
1	安全员	风险级别在 4 级，作业过程中发生安全事故	绩效	绩效
2		风险级别在 4 级，作业时未按照操作流程作业	罚款	绩效
3		未对作业人员进行酒精检测和精神状态评估	警告	罚款
4		每季度末未对库房劳保用品、工具安全使用性能进行检查	警告	罚款
5		作业区域安全监督过程中，仍有未穿戴安全劳保用品作业行为	警告	罚款
6	主管工程师	未对作业人员进行酒精检测和精神状态评估	警告	罚款
7		夜班过程中，未对巡检、应急故障维修人员进行安全监督	罚款	绩效

（2）通用部分安全管理违纪处罚标准。安全管理违纪处罚标准如表 4-34 所示。

表 4-34 安全管理违纪处罚标准

序号	违纪内容	处罚标准	序号	违纪内容	处罚标准
1	故意损坏工具、劳保用品	赔偿，罚金 100 元 / 人次	7	岗前培训考试不合格，员工不熟悉本岗位的安全职责	直至培训合格
2	丢失和偷窃安全用具、劳保用品	赔偿；偷窃行为劝退、赔偿	8	查验期间未履行安全监督责任和义务	罚金 20 元 / 人次
3	安全用具未按规定领取和归还	罚金 20 元 / 人次	9	戴手套或用单手抡大锤	纠正并罚金 30 元 / 人次
4	安全用具隐性故障知情不报、不更新	罚金 20 元 / 人次	10	不戴或不正确使用安全帽	纠正并罚金 30 元 / 人次
5	查验现场未采取安全防护措施	罚金 20 元 / 人次	11	不戴或不正确使用绝缘鞋、防砸鞋	纠正并罚金 30 元 / 人次
6	脱岗、睡岗	罚金 50 元 / 人次	12	不戴或不正确使用手套、绝缘手套	纠正并罚金 30 元 / 人次

续表

序号	违纪内容	处罚标准	序号	违纪内容	处罚标准
13	不系或不正确使用安全带	纠正并罚金30元/人次	30	使用不合格临时电源（不带漏电保护、超负荷、不安全接地）	纠正并罚金50元/人次
14	不系或不正确使用梯子	纠正并罚金30元/人次	31	在潮湿或含有酸类的场地上不使用直流24V安全用具	纠正并罚金50元/人次
15	不戴或不正确使用护目镜	纠正并罚金30元/人次	32	未经允许携带火种、易燃易爆易腐蚀物品进入现场	纠正并罚金100元/人次
16	不穿或不正确使用工作服	纠正并罚金30元/人次	33	公物占为己有、私自拆卸、故意破坏	赔偿，并罚金50元/人次
17	不用或不正确使用试电笔（仪器仪表）	纠正并罚金30元/人次	34	风力5级以上户外登高作业	纠正并罚金100元/人次
18	使用过期或绝缘性能下降、破损的工具	纠正并罚金30元/人次	35	雨雪天气、湿滑、大雾霜降场所登高作业	纠正并罚金100元/人次
19	不按规定设置隔离带、警戒线	纠正并罚金30元/人次	36	沙尘暴天气户外登高作业	纠正并罚金100元/人次
20	不按规定使用警示标识牌、反光器具	纠正并罚金30元/人次	37	登高作业2m及以上不采取安全措施的	纠正并罚金100元/人次
21	查验期间嬉戏打闹、散布谣言、赌博、斗殴、挑拨离间，从事与工作无关活动	纠正并罚金30元/人次	38	高空作业工具不采取防坠落措施	纠正并罚金100元/人次
22	班前、上班期间饮酒	纠正并罚金200元/人次	39	在防水层上、屋面上随意打孔	纠正并罚金100元/人次
23	将饮料和食品带入查验设备场所	纠正并罚金20元/人次	40	操作精密电路板不采取静电防护措施	纠正并罚金100元/人次
24	神志不清、带病或情绪不稳定而从事特种作业	纠正并退出现场	41	未经允许任意穿过或进入起重作业现场、其他特种作业现场	纠正并罚金50元/人次
25	不做、不接受安全交底；违章指挥	纠正并罚金100元/人次	42	进入有限空间未采取安全措施	纠正并罚金50元/人次
26	违反操作流程、质量达不到操作标准	纠正并罚金30元/人次	43	未严格执行查验手册操作流程	纠正并罚金50元/人次
27	对查验设备隐患隐匿不报	纠正并罚金30元/人次	44	工作期间现场吸烟、劝请别人吸	纠正并罚金500元/人次
28	静态查验带电作业（DC 36V以下除外）	纠正并罚金30元/人次	45	工作期间吸毒以及违反法律法规、泄露机密	报公安机关并辞退
29	电源线电缆随意拖曳，挪作他用	纠正并罚金30元/人次	46	带领无关人员进入查验现场	纠正并罚金50元/人次

4.2.18 安全生产检查制度

安全生产检查制度能够及时发现、解决安全生产中存在的隐患，并及时整改，从而实现了控制和消除事故隐患，保证人员和公司财产安全，促进园区安全生产。安全生产检查制度包括以下内容。

1. 职责

（1）安全员负责公司安全生产检查的日常管理事务。

（2）项目负责人对检查出的安全隐患依据本制度出具整改方案，对整改不积极、不到位甚至拒不整改员工进行处罚。

（3）项目员工应积极配合安全检查工作，对检查发现的安全隐患及时组织整改；暂时不具备整改条件的以书面形式说明原因并将相应的整改方式上报项目负责人，在日常检查中重点关注。

2. 检查方式

（1）节假日检查。节假日前进行地毯式安全检查和节假日期间按计划开展检查。

（2）不定期检查。在日常巡视过程中，发现安全隐患及时上报，不能及时整改的属于不定期抽查和日常巡查的重点，对工作区域随机检查安全；在月度维护、季度维护、年度维护中组织相关人员进行安全检查；配合政府机关临时性检查。

（3）季节性检查。对于楼顶机组的运行，其运行模式的更换极有可能造成安全事故，在更换运行模式时间段内，要做专项安全检查。

（4）高危险作业检查。特殊作业依据相对应的检查项进行检查。

（5）岗位安全检查。上班前进行酒精检测，进入机房前进行安全交底，运维过程中检查是否穿戴齐全劳保用品。

3. 安全检查的范围

（1）运维机房楼。

（2）作业场所。

（3）特殊作业场所，如乙二醇存放点，制冷剂、易燃易爆燃料存放点。

（4）运维人员的穿戴。

4. 安全检查结果的处理

（1）安全检查结果的记录。安全检查是综合安全检查，对于安全检查的结果，必须在安全检查组组长的领导下，归纳和整理，并进行登记。

（2）整改及整改监督。及时安排人员进行整改，做到定人员、定时间、定措施，以确保施工隐患（或不安全因素）按要求整改完毕。对于要求限期整改的，安全员要进行抽查，督促整改。

4.2.19 安全生产事故及处罚制度

1. 安全生产事故及处罚制度的主要内容与适用范围

安全生产事故及处罚制度的主要内容与适用范围如下。

（1）本制度规定了报告、调查、处理、上报及统计等事项。

（2）本制度适合 ×× 数据中心全体员工及第三方驻场人员。

2. 事故报告

事故报告步骤如下。

（1）事故发生后，事故当事人或发现人应立即报告班组长、主管、项目安全组长，听从领导安排。

（2）事故发生应在 5min 内，将事故发生时间、地点、经过及现场情况向上级汇报事故现场处置情况。

（3）事故发生后，项目安全组长在进行事故报告的同时迅速组织实施应急管理措施，受伤人员应立即安全撤离现场。

（4）事故发生后导致人员伤亡时，应在撤离现场人员、组织实施应急管理措施的同时，保护好事故现场。

（5）做好取证，为调查组提供一切便利。不得拒绝调查，不得拒绝提供有关情况和资料，若发现有上述违规现象，对责任者视情节给予处罚，严重的追究法律责任。

3. 事故调查组的职责

事故调查组的职责有 5 条，具体如下。

（1）查明事故发生的原因、人员伤亡及财产损失情况。

（2）查明事故的性质和责任。

（3）提出事故处理方案及预防措施。

（4）提出对责任人的处理建议。

（5）写出事故调查报告。

4. 事故处理

事故处理按照以下 6 条进行：

（1）事故处理要坚持“四不放过”的原则。

（2）在进行事故调查分析的基础上，事故责任项目部应根据事故调查报告中的事故提出纠正和预防措施。

（3）对事故责任人，由公司依据事故调查报告中对责任人的处理进行开除和经济处罚，触犯刑律构成犯罪的交由司法机关依法追究刑事责。

（4）对事故造成的伤亡人员工伤认定、劳动鉴定、工伤评残和工伤保险待遇，依据相关法律法规处理 。

（5）事故调查处理结束后，项目部安全员应负责将事故详情、原因及责任人事故处理编辑成通报，组织全体职工进行学习，从中吸取教训，防止事故的再次发生。

（6）每起事故处理结案后，安全员应负责将事故调查处理资料收集整理后实施归档管理。

5. 生产安全事故档案

生产安全事故档案有 9 项，具体如下。

（1）企业职工伤亡事故月报表。

（2）企业职工伤亡事故年统计表。

（3）事故快报表。

（4）事故调查笔录。

（5）事故现场照片、示意图、亡者身份证、死亡证、技术鉴定等资料。

（6）事故调查报告。

（7）事故调查处理报告。

（8）对事故责任者的处理决定。

（9）其他有关的资料。

第 5 章　数据中心相关认证

5.1　什么是数据中心等级认证

随着云计算及大数据业务的蓬勃发展，数据中心行业的市场需求越来越大，对数据中心的建设标准也开始形成明显的等级划分态势。数据中心按照某种标准进行建设，或者按照某种标准测试验证来确定其符合某个等级。

近年来，高可靠性及安全性的数据中心成为了主流选择，而早年的规范标准已经无法完全满足行业的发展需求。目前公认的、最权威的数据中心认证组织无疑是数据中心 CQC 认证、Uptime Tier 认证及 TÜV TSI 认证。作为中立的第三方机构，由这三大机构提出的数据中心物理基础设施认证、标准及测试方法在尊重当地规范标准及行业特点的基础上，形成了一套完整的认证体系，满足数据中心全生命周期的管理需求。数据中心业主也越来越倾向于利用认证来提高数据中心基础设施架构的设计水平，规避项目实施及运营的风险点，提高数据中心全生命周期的安全性及可用性。

CQC 认证将数据中心等级分 A、B、C 三级，根据《数据中心场地基础设施评价技术规范》（CQC 9218—2015）进行测试验证，规范数据中心国标等级认证；在国际上以 Uptime Institute 数据中心等级评级最为广泛使用，通过评价基础设施的“可用性”“稳定性”“安全性”，将数据中心分为了四个等级，分别是 Tier1、Tier2、Tier3 和 Tier4，Tier4 是最高的等级；TÜV TSI 认证是德国政府特许的第三方公正机构，也是全世界前三大检测认证机构根据《信息技术质量检测与独立监督》对数据中心进行的测试与验证，TÜV 数据中心等级认证体系分为 L1 ～ L4 四个等级，L4 最高。

5.2　数据中心等级认证的意义

数据中心由于业务支撑及功能的要求不同，其基础设施的架构、安全性、建设及运行效率和成本有很大差异，选择合适的数据中心功能及级别，对数据中心建设的决策者意义重大。可靠性要求过高，会造成投资和运行成本偏高，可靠性要求过低又无法满足业务及生产安全需求。因此，如何根据行业特点和业务需求的差异，合理规划、科学设计、建设具有适宜可靠性的数据中心，避免过度投资或投入不足，成为数据中心规划及建设阶段迫切需要讨论的重大问题。

专业的设计团队、更详细的设计文档和雇佣工程监理，固然可以省去认证的时间与成本，但是，如果宣传已经达到三级或四级容错的数据中心出现故障，尤其是承载大规模云服务的设施，那么会有很多的用户受影响，数据中心运营商的评分将会降低并可能失去企业用户。

数据中心评价级别的目的是为了描述基础设施已经实现或没有实现、可能对数据中心冗余与故障停机时间造成的影响。等级是评估数据中心设计建造的可靠性与可用性级别的切实方法。

然而，等级因不同数据中心设计者而有不同的解释。因此，自称的类似设计认证，实际缺乏可靠支持。合法的数据中心认证需要经过认证机构的严格审查才能获得。

数据中心基础设施是为确保数据中心关键设备和装备能安全、稳定、可靠运行而设计的配套的基础工程，它不仅要为数据中心的系统设备运营管理和数据信息安全提供保障环境，还要为运维人员提供健康、适宜的工作环境。

数据中心用户在选择云服务提供商时，不仅要知道自己的关键业务数据和应用程序的存储位置，而且还要了解云服务提供商数据中心的总体构成。人们需要了解数据中心资源的详细列表。很多运营商和用户希望了解数据中心等级认证，以及主机托管数据中心是什么样的等级。

5.3 数据中心等级认证的类别

5.3.1 CQC认证

1. 背景

数据中心认证最早只有美国公司 Uptime institute 制定的 Tier Level 等级标准，但是由于认证规则不同、本地兼容能力缺失，Uptime institute 的认证在中国却水土不服；至今 Uptime institute 在中国只颁发“设计认证”，即只对设计图纸进行认证，而无法提供工程实体的认证。

2008 年，国家出台了针对数据中心的国家标准《电子信息系统机房设计规范》GB 50174—2008，提出了数据中心 A、B、C 等级划分的概念，却没有配套的认证规则与认证主体。行业中的一些社团组织、检测机构出于市场行为，自行通过所谓“第三方验收”等手段，以不规范的授牌、颁证等方式提供机房等级“认证”。但是这样的认证缺乏公信力，缺乏获证后监督等保障机制，客户认可度低。

2015 年 5 月，中国质量认证中心（CQC）正式发布了《数据中心场地基础设施评价技术规范》（CQC 9218—2015）。该规范明确了数据中心认证的等级划分、数据中心认证的方法，说明了认证机构、认证流程等业界所关心的话题。该规范自 2015 年 7 月 1 日正式执行。

作为中国首部具有自主知识产权的数据中心认证规范，《数据中心场地基础设施评价技术规范》与国际接轨，成为中国数据中心行业发展的基石。随着国家有关部门对数据中心行业的规范化管理，数据中心认证业务正式步入有据可依、有章可循的良性发展阶段。

2. 认证机构

《数据中心场地基础设施评价技术规范》由中国质量认证中心正式发布，中国质量认证中心是数据中心基础设施等级认证的国家级认证机构。

中国质量认证中心是家国家级认证机构，2018 年 11 月根据《中央编办关于国家市场监督管理总局所属事业单位机构编制的批复》（中央编办复字〔2018〕118 号），中国质量认证中心划归国家市场监督管理总局所属。

2020 年 6 月，中国质量认证中心随中国检验认证集团有限公司转隶国务院国有资产监督管理委员会所属。

中国质量认证中心始终致力于通过认证帮助客户提高产品和服务质量，促成各界的交流与合作，促进市场诚信体系与和谐社会建设。经过近三十年的发展，已经成为业务门类全、服务网络广、技术力量强的质量服务机构，以较高的信誉度和美誉度跻身世界认证先进行列。

中国质量认证中心颁发的中国强制性产品认证（CCC）证书是产品进入中国市场的准入条件。

作为国际电工委员会电工产品合格测试与认证组织（IECEE）的中国国家认证机构，CQC 从事颁发和认可国际多边认可 CB 测试证书工作，其证书被 43 个国家和地区的 59 个国家认证机构所认可。

中国质量认证中心颁发的质量管理体系（ISO 9001）、环境管理体系（ISO 14001）、职业健康安全管理体系（OHSMS 18001）证书与国际认证联盟（IQNet）内其他 34 个国家和地区的 38 个成员机构实现互认。

3. 评价范围

根据《数据中心场地基础设施评价技术规范》（CQC 9218—2015），数据中心场地基础设施指主要为电子信息设备系统提供运行保障的设施，包括主机房、辅助区、支持区和行政管理区（可以是一幢建筑物或建筑物的一部分）内为电子信息系统提供运行保障的设施。

数据中心场地基础设施等级认证的评价范围主要包括：

（1）建筑与防火。

（2）位置及设备布置。

（3）建筑与结构。

（4）环境系统。

（5）电气系统。

（6）空气调节系统。

（7）布线。

（8）环境和设备监控系统。

4. 认证审核评价内容

根据《数据中心场地基础设施评价技术规范》（CQC 9218—2015），数据中心场地基础设施等级认证的评价方法由现场审核（收集查看报告，包括验收报告、型式试验报告等）和现场见证测试组成。评价所涉及的技术要求依据 GB 50174—2017 和 GB/T 2887—2011 的要求测试验证。由中国计量科学研究院负责现场审核及见证测试，中国质量认证中心负责评价。依据得出的评价结论颁发证书。认证审核具体包括以下内容。

（1）工程建设资料。具体包括：

①设计院的设计方案说明。

②各专业的施工图。

③电气系统和制冷系统的操作逻辑。

④施工单位的竣工图纸、变更资料。

⑤设备材料的性能指标以及检测报告。

⑥单机调试记录、系统验收报告。

⑦第三方检测验证单位的检测验证方案、检测报告、型式试验报告等涉及设计、产品、施工、调试、检测、验收的全过程资料与报告等。

（2）测试合规性审核，具体如下。

对由第三方担负的数据中心基础设施与机房环境所做的专业检测活动和结果进行审核，指出与纠正不符合规范的检测。此过程除了对检测结果进行认证评价外，相关过程可能需第三方检测验证单位及各设备产品与工程商进行现场确认。

（3）现场综合审核。具体包括：

①进行项目现场的状况、查阅工程建设资料、检测验证报告、评估的审核内容等认证审核评价。

②认证审核评价要求：数据中心等级认证审核评价是为了验证设计目标、技术要求与施工质量，在进行数据中心机房环境与关键设备系统的检测验证的基础上，通过认证实现对各参与方工作成果的体现与认可。

③依据 CQC《数据中心场地基础设施认证技术规范》（CQC 9218—2015）的评价内容和要求，最终作出数据中心是否符合增强级数据中心的结论。

④依据 CQC 数据中心等级认证的相关规定，提交本数据中心认证评级的证明材料，最终获取本数据中心项目等级认证证书。

5. 评价依据

根据《数据中心场地基础设施评价技术规范》（CQC 9218—2015），数据中心场地基础设施划分为 3 个等级评价：

（1）基础级（相当于 GB 50174—2017 的 C 级）。

（2）标准级（相当于 GB 50174—2017 的 B 级）。

（3）增强级（相当于 GB 50174—2017 的 A 级）。

现场审核及见证测试通过且无不符合项时，按照实际等级给出评价结论。

若现场审核及见证测试存在不符合项时，应在规定期限内完成整改，对整改结果以必要的方式进行验证，整改验证通过，按照实际等级给出评价结论。若未能按期完成整改的或整改不通过的，按评价结论不符合处理。

若不满足基础级时，评价结论为不符合。

评价认证后，原则上现场审核及见证测试结束后 12 个月内应接受监督，每次监督时间间隔不超过 12 个月。可根据数据中心场地基础设施的实际情况，按年度调整监督时间。

6. 运维评价方案

运维评价方案包括以下内容。

（1）引用文件。下列文件对于本文件的引用是必不可少的。凡是注日期的引用文件，仅所注日期的版本适用于本文件。凡是不注日期的引用文件，其最新版本（包括所有的修改单）适用于本文件。例如：

① GB/T 33136 信息技术服务数据中心服务能力成熟度模型。

② GB/T 51314 数据中心基础设施运行维护标准。

③ ISO 20000 信息技术服务管理体系。

④ ISO 27001 信息安全管理体系。

（2）评价等级。评价等级全部按 4 级划分，分别为：

① L1（基础级）：基础式管理，具备数据中心运行的基本运维功能特征。

② L2（标准级）：流程管控，为进一步提升协作能力和运行质量，建立管理程序。

③ L3（增强级）：规范运维管理和运维执行的过程，推动标准化流程化进一步落地，强化风控管理和提高运维效率，实现多维联动。

④ L4（卓越级）：精细化管控，在标准级的基础上进一步细化管理粒度，实现全周期全场景过程数据的监测和采集，基于这些数据支持管理提高优化精度，推动运维团队理解运维所支撑的业务战略规划，推进服务导向的运维模式（可转变为运营）。认证等级划分如表 5-1 所示。

表 5-1　认证等级划分表

等级	L1	L2	L3	L4
	基础级	标准级	增强级	卓越级
要求	基础管理，建立基本功能满足基本的运作	流程管控，建立管理程序，提高协作能力	规范落地，建立可执行标准，强化风险管控，实现多维联动	精细化管控，建立可量化过程监测，理解业务战略服务导向

针对三大管理领域的 32 个管理子域，按照 L1 ～ L4 级别的总体要求，划定等级的评定范围和基本要求。针对管理领域审核项评定的认证等级应同时满足：达到认证目标等级的分值区域；满足认证目标等级的必须满足项。详见表 5-2 所示。

表 5-2　管理领域评价对应表

管理领域		L1	L2	L3	L4
管理能力	战略管理				基本
	项目管理			基本	完善
	知识管理		基本	基本	完善
	创新管理			基本	基本
	财务管理		基本	基本	完善
	人力资源管理	基本	基本	基本	完善
运营保障	监控管理	基本	基本	完善	完善
	值班管理	基本	基本	完善	完善
	作业管理	基本	基本	完善	完善
	供应商管理		基本	基本	完善
	服务请求管理			基本	完善
	事件管理	基本	基本	完善	完善
	问题管理		基本	完善	完善
	变更发布管理	基本	基本	完善	完善
运维服务过程 / 应急响应与预案 / 人员能力管理	资产配置管理		基本	基本	完善
	服务级别管理			基本	完善
	可用性管理		基本	基本	完善
	容量管理		基本	完善	完善
	能效管理		基本	完善	完善
	业务连续性管理（应急管理）	基本	基本	完善	完善
	信息安全管理			基本	基本
	安全、健康、环境（安健环）管理	基本	基本	完善	完善
	文档管理		基本	完善	完善
	评审管理			基本	完善
	审计管理			基本	完善
	持续改进管理		基本	基本	完善

续表

管理领域		L1	L2	L3	L4
运维服务过程/应急响应与预案/人员能力管理	职能管理	基本	基本		完善
	关系管理			基本	完善
	风险管理		基本	基本	完善
组织治理	合规管理			基本	完善
	绩效管理		基本	基本	完善
	组织文化管理			基本	基本

注：
基本：①制定基本制度规范；②提供数据记录和功能支持的初步技术手段。
完善：①细化制度规范；②提供精细化数据记录和功能支持的技术手段；③实现可量化过程管控；④保持管理成本，执行成本的平衡。

7. 检测验证机构的资质要求及工作内容

检测验证机构的资质要求：

鉴于数据中心场地基础设施的建设跨度广，现场测试验证能力要求高的特点，数据中心场地基础设施等级认证采用“专业化检测验证机构+综合化认证机构”的实施模式。

其中，中国计量科学研究院与中国质量认证中心共同组成“综合化认证机构”，而“专业化检测验证机构”则是具有数据中心测试验证能力的第三方检测验证服务单位（以下简称服务单位）。服务单位应配备对应数据中心各专业的技术人员，各专业负责人要有五年以上测试验证工作经验；服务单位应具有大型数据中心测试验证经验，近三年内承担过项目总建筑面积 10 000m² 以上或 IT 机柜数 2000 个以上的数据中心的测试验证工作，案例数量为 3 个及以上。服务单位原则上应得到中国质量认证中心或中国计量科学研究院的认可。

检测验证机构的工作内容主要是：

（1）按照本项目对应数据中心等级标准与规范中的要求，开发对应本项目的测试验证技术方案。

（2）提供本项目测试验证所需多种仪器、器材、测试负载及线缆（仅对新建数据中心）。

（3）对本项目所含建筑、电气、暖通、弱电、消防等系统进行测试验证。

（4）基于测试验证的结果，指导并协助项目业主完成认证评估的相关工作。

（5）承担如按认证要求进行的资料收集、编制、送审等认证配合工作。

5.3.2 Uptime Tier认证

Uptime Institute 成立于 1993 年，20 余年来长期致力于数据中心基础设施的探索和研究，是全球公认的数据中心标准组织和第三方认证机构。其主要标准 Data Center Site Infrastructure Tier Standard:Topology 和 Data Center Site Infrastructure Tier

Standard:Operational Sustainability 是数据中心基础设施可用性、可靠性及运维管理服务能力认证的重要标准依据。该标准由 Uptime Institute 长期研究数据中心领域的经验与终端用户的知识积累结合发展而成，在行业中具有深刻的影响力。Uptime Tier 等级认证基于以上两个标准，是数据中心业界最知名、权威的认证，在全球范围得到了高度的认可。

Uptime Tier 数据中心等级认证体系分为 Tier Ⅰ～ Tier Ⅳ四个等级，Tier Ⅳ最高。Uptime Tier 认证主要包含四部分：Tier Certification of Design Documents（设计认证）、Tier Certification of Constructed Facility（建造认证）、Tier Certification of Operational Sustainability（运营认证）和 Tier Certification of Management and Operations（管理和操作认证）。

随着全球范围内数据中心业务的发展，对数据中心的可靠性提出了越来越高的要求，高可靠性等级认证的取得，将给数据中心拥有者带来更多的商业机会。目前全球已有 85 个国家，超过 1000 个数据中心通过了 Uptime Institute 颁发的认证。

1. Tier 等级标准的制定原则

Tier 等级的创建是为了一致地描述维持数据中心运营所需的机房级基础设施，而不是单个系统或子系统的特征。数据中心依赖于电气、机械和建筑物系统，成功且一体化的运营。针对不同 Tier 等级的要求，所有子系统和系统必须始终具有相同的机房正常运行时间目标。简言之，整个机房的 Tier 拓扑评级受制于影响机房运营的最薄弱子系统。例如，如果某机房拥有强大的 Tier IV UPS 配置以及 Tier Ⅱ 冷水系统，则该机房的评级为 Tier Ⅱ。

Uptime Institute Tier Standard:Topology 和 Tier Standard:Operational Sustainability 确定了一组适用于全球一致的性能标准，这些标准可在全球范围内进行满足和判定。要能成功地进行数据中心设计、实施和持续运营，其所有者和项目团队还需要考虑其他因素和风险。其中许多项取决于机房地点，以及当地、所在国家 / 地区或区域的相应考虑事项和（或）规章条例，例如，建筑法规和拥有司法管辖权的机构、地震、极端天气状况（大风、龙卷风）、洪水、相邻产业的用途、工会或其他劳工组织、人身安全（作为公司政策或由周边环境所决定）。

2. Tier 等级标准的适用范围

Tier 等级标准确立了数据中心机房基础设施 Tier 分类的四个不同定义（Tier Ⅰ、Tier Ⅱ、Tier Ⅲ、Tier Ⅳ），以及用于确定是否符合这些定义的性能确认测试。Tier 分类描述了维持数据中心运营所需的机房级基础设施拓扑，而不是单个系统或子系统的特征。本标准依据的事实基础是，数据中心依赖于多个单独机房基础设施子系统成功且一体化的运营，而子系统的数量取决于为维持运营所选的独立技术（例如发电、制冷、不间断电源等）。

针对不同的 Tier 等级要求，整合到数据中心机房基础设施中的所有子系统和系统必须始终具有相同的机房正常运行时间目标。

是否符合各 Tier 等级的要求，应根据基于成果的确认测试和运营效果来衡量。这种衡量方法不同于规范性设计方法或所需设备清单。

3. Tier 等级标准的等级分类

Tier 等级标准的等级分类包括以下 4 个方面。

1）数据中心分级

（1）Tier Ⅰ数据中心：基本型。Tier Ⅰ数据中心可以接受数据业务的计划性和非计划性中断。要求提供计算机配电和冷却系统，但不一定要求高架地板、UPS 或者发电机组。如果没有UPS或发电机系统，那么这将是一个单回路系统并将产生多处单点故障。在年度检修和维护时，这类系统将完全宕机，遇紧急状态时宕机的频率会更高，同时操作故障或设备自身故障也会导致系统中断。

（2）Tier Ⅱ数据中心：组件冗余。Tier Ⅱ数据中心的设备具有组件冗余功能，以减少计划性和非计划性的系统中断。这类数据中心要求提供高架地板、UPS 和发电机组，同时设备容量设计应满足 N+1 备用要求，单路由配送。当有重要的电力设备或其他组件需要维护时，可以通过设备切换来实现系统不中断或短时中断。

（3）Tier Ⅲ数据中心：在线维护（全冗余系统）。Tier Ⅲ级别的数据中心允许支撑系统设备任何计划性的动作而不会导致机房设备的任何服务中断。计划性的动作包括规划好的定期的维护、保养、元器件更换、设备扩容或减容、系统或设备测试等。大型数据中心会安装冷冻水系统，要求双路或环路供水。当其他路由执行维护或测试动作时，必须保证工作路由具有足够的容量和能力支撑系统的正常运行。非计划性动作诸如操作错误，设备自身故障等导致数据中心中断是可以接受的。当业主有商业需求或有充足的预算追加，Tier Ⅲ机房应可以方便地升级为 Tier Ⅳ机房。

（4）Tier Ⅳ数据中心：容错系统。Tier Ⅳ级别的数据中心要求支撑系统有足够的容量和能力规避任何计划性动作导致的重要负荷停机风险。同时容错功能要求支撑系统有能力避免至少 1 次非计划性的故障或事件导致的重要负荷停机风险，这要求至少两个实时有效的配送路由，N+N 是典型的系统架构。对于电气系统，两个独立的（N+1）UPS 是一定要设置的。但根据消防电气规范的规定，火灾时允许消防电力系统强切。Tier Ⅳ机房要求所有的机房设备双路容错供电。同时应注意 Tier Ⅳ机房支撑设备必须与机房 IT 设备的特性相匹配。

2）数据中心建筑分级

（1）建筑 Tier Ⅰ级别。Tier Ⅰ对于可能引起数据中心瘫痪的人为或自然灾害不做任何建筑防护措施；设备区地面活荷载不小于 7.2kPa，同时楼面另需满足 1.2kPa 的吊挂活荷载。

（2）建筑 Tier Ⅰ级别。Tier Ⅱ机房除满足所有 Tier Ⅰ机房的要求外还应有：建筑防护用于避免由于自然灾害或人为破坏造成的机房瘫痪；机房区域的隔墙吊顶应能阻止湿气侵入并破坏机械设备的使用；所有安防门应为金属框实心木门，安防设备间和安保室的门应提供180°全视角观察孔；所有的安防门必须为全高门（由地面到吊顶）；安保设备间及安保室的隔墙必须为硬质隔墙并加装厚度不小于16mm三合板，至少每隔300mm要用螺丝固定；设备区地面活荷载不小于8.4kPa，同时楼面另需满足1.2kPa的吊挂活荷载。

（3）建筑Tier Ⅲ级别。Tier Ⅲ级别除满足Tier Ⅱ要求外还应满足如下要求。

需提供备用的出入口和安全监察点；提供备用的安全出入道路；机房外墙上不能有外窗；建筑系统应提供电磁屏蔽保护；钢结构应提供电磁屏蔽保护；屏蔽层可以是贴铝箔的板材或金属网；机房入口应设置防跟入系统；对于冗余的设备应提供物理隔断以降低同时宕机的可能性；应设置防护栅栏以控制非正常侵入事件，同时建筑外围应设置微波探测和视频监控系统；厂区应设置门禁控制系统；机房区、动力区应设置门禁系统，并提供门禁控制中心监控系统；设备区地面活荷载不小于12kPa，同时楼面另需满足2.4kPa的吊挂活荷载。

（4）建筑Tier Ⅳ级别。Tier Ⅳ级别除满足Tier Ⅲ要求外还应满足如下要求。

考虑对于同一灾害的冗余保护措施；考虑潜在的地震、洪水、火灾、暴风、暴风雨以及恐怖主义者和精神病人防护措施；柴油发电机应位于室外或其他建筑内；在室外规划油罐区且尽量靠近柴油机；位于地震带0、1和2上的数据中心建筑按地震带3的要求设计抗震，位于地震带3和4上的数据中心抗震按地震带4的要求设计抗震，所有的设备设计重要系数取1.5；位于地震带3和4上的数据中心设备和机架应设计顶安装的抗震支架；设备区地面活荷载不小于12kPa，同时楼面另需满足2.4kPa的吊挂活荷载。

3）电气分级

（1）电气Tier Ⅰ级别。Tier Ⅰ级别的机房只须提供最低的电气配电以满足IT设备负荷要求。

供电容量少量或无冗余要求；单路供电；供电回路无检修冗余要求；单套等容量柴油发电机系统可以安装用于容量备用，但不需要冗余；ATS开关用于柴油发电机系统和变压器系统的电力切换；ATS并不是强制要求的；需要提供模拟负载；需要提供单套等容量UPS系统；UPS系统应与柴油机系统兼容；UPS应带有维修旁路以确保UPS检修时正常供电；应急电源可以来自不同的变压器和配电盘；变压器应能满足非线性负载使用要求；要求提供PDU和现场隔离变压器；配电系统不需要冗余；提供接地系统；数据中心接地干网不需要但应满足设备制造商的接地要求；防雷保护应满足NFPA780相关规定。

（2）电气Tier Ⅱ级别。Tier Ⅱ级别数据中心除满足Tier Ⅰ要求外，还应满足如下要求。

Tier Ⅱ机房应提供N+1的UPS系统；提供发电机系统，其容量应满足所有数据中心负荷要求，备用发电机是不需要的；动力设备和配电设备不需要冗余设计；发电机和UPS系统测试时应提供模拟负载连接；重要的机房设备配电应提供集中的PDU配电；PDU出线应配置分支回路。两个冗余的PDU应由不同的UPS系统供电，并为同一IT

配线架供电。单相或三相 IT 机架供电来源于两个不同的 PDU，且双路电源可实现静态无间隙转换。双进线静态转换 PDU 供电来自不同的 UPS 系统，并可为单相或三相设备供电。颜色标示标准被用来区分 A、B 两路供电电缆。每个回路只能为一个配线架供电，防止单回路故障影响过多的配线架。为实现配电冗余，每个机架或机柜配电回路开关容量应为 20A，来源于不同的 PDU 或配电盘。满足 NEMA L5-20R 标准的工业自锁插座被要求应用于机架配电系统，同时配电开关容量应根据设备容量调整放大，并标明配电回路来源。机械设备配电不需要冗余设计。要求提供接地系统，接地电阻小于 5Ω；要求消防电力系统强切。

（3）电气 Tier Ⅲ级别。Tier Ⅲ级别数据中心除满足 Tier Ⅱ要求外，还应满足如下要求。

Tier Ⅲ数据中心要求所有的机房设备配电、机械设备配电、配电路由、发电机、UPS 等提供 N+1 冗余，同时空调末端双电源配电，电缆和配电柜的维护或单点故障不影响设备运行。中高压系统至少双路供电，配置 ATS、干式变压器，变压器在自然风冷状态下满足 N+1 或 2N 冗余，在线柴油机系统用于电力中断时的电源供应。储油罐就近安装于厂区，并满足柴油机满载 72h 运行。市电失电时通过 ATS 自动将柴油机系统电力接入主系统。双供油泵系统可以手动和自动控制，配电来自不同电源。提供独立的冗余的日用油罐和供油管路系统，以确保故障或油路污染时仍能正常为柴油机供油，不影响其运行。柴油机应装备双启动器和双电池系统。自动转换开关（Automatic Transfer Switching Equipment，ATSE）用于 PDU 实现双路拓扑的配电体系用于重要 IT 负荷配电。设置中央电力监控系统用于监控所有主要的电力系统设备如主配电柜、主开关、发电机、UPS、ATSE、PDU、MCC、浪涌保护、机械系统等。另外须提供一套独立的可编程序控制器（PLC）系统用于机械系统的监控和运行管理，以提高系统的运行效率，同时提供一套冗余的服务器系统用来保证控制系统的稳定运行。

（4）电气 Tier Ⅳ级别。Tier Ⅳ级别数据中心除满足 Tier Ⅲ数据中心要求外，还应满足如下要求。

Tier Ⅳ机房所有设备、系统、模块、路由等须设计成 2（N+1）模式；所有进线和设备具有手动旁路以便于设备维护和故障时检修；在重要负荷不断电的情况下实现故障电源与待机电源的自动切换；电池监控系统可以实时监视电池的内阻、温度、故障等状态，以确保电池时刻处于良好的工作状态；机房设备维修通道必须与其他非重要设备维修通道隔离；建筑至少有两路电力或其他动力进线路由并相互备用。

4）机械分级

（1）机械 Tier Ⅰ级别。空调系统设置单台或多台空调设备集中制冷，用来维持重要区域的温湿度，设备不需要冗余；如果空调系统采用水冷设备如冷冻水系统或冷却水系统，那么在满足设计条件的前提下，尽量采用相同规格的设备，设备不需要冗余；管路系统采用单回路系统，因此管路故障或维修时，将导致局部或全部的空调系统停机；如果有发电机系统，那么空调设备容量将被记入发电机容量内。

（2）机械 Tier Ⅱ级别。Tier Ⅱ级别的数据中心空调系统是采用多台空调设备集中制冷，来维持重要区域的温湿度控制要求；

一般采用 N+1 的备用方式；如果采用水冷系统，相关设备需要采用相同规格，并提供额外 1 台设备用于备用；管路系统采用单回路系统，因此管路故障或维修时，将导致局部或全部的空调系统停机；机房空调系统应设计成全年 365 天，每周 7 天，每天 24h 连续运行模式；机房空调至少采用 N+1 备用模式，同时每三台或四台设备要求至少提供一台备用；机房及其辅助区域相对于室外要求维持一定的正压；所有的空调设备配电容量应被记入发电机容量；为降低电气系统故障对空调系统的影响，空调设备供电尽量来源于多组配电盘的多条回路；温度控制系统配电应来源于 UPS 且提供冗余的备用电源；数据中心的送风形式应根据机架和服务器的排布来调整；空调机房设备应有充足的容量来抵消所有发热设备和热传导负荷，同时维持一定的机房湿度要求；设备的制冷量应基于 kW 而不是 kV・A 计算，且设备由 UPS 供电；被处理的空气将通过安装了平衡风阀的穿孔高架地板送到设备处；发电机系统用来给 UPS 系统和其他机械设备提供电力；厂区内须安装储油罐系统，以满足额定工况下 24h 发电机运行；须设计双路供油系统，且可以提供手自动控制，每路供油泵供电来源于独立的配电系统；设计冗余的和相互隔离的储油系统以保证油路污染或其他机械故障时不影响整个发电机系统的运行。

（3）机械 Tier Ⅲ级别。Tier Ⅲ级别的数据中心空调系统采用多台空调设备集中制冷，来维持重要区域的温湿度控制要求。

设备冗余的方式是允许单台配电盘故障时空调系统仍能满足制冷需求；如果空调系统采用水冷设备如冷冻水系统或冷却水系统，那么在满足设计条件的前提下，尽量采用相同规格的设备；这个级别的冗余要求要求空调及其相关设备末端双回路供电；管路系统采用双回路路由，任何管路维护或故障时不会引起空调系统的中断；机房空调电源采用双回路供电，电源来自不同的配电系统；所有的机房空调容量需要记入发电机容量；数据中心制冷设备采用 N+1，N+2，2N 或 2（N+1）的冗余方式都是可行的，前提是设备维护和故障时不影响正常的制冷要求；针对精密空调的安装数量，考虑到维护和备用的因数，精密空调冷却回路应尽量细化分组；如果使用了冷冻水或冷却水，每个数据中心应有专用的分支回路，并由独立的泵系统从主供水环路上引出；水环路应位于数据中心周边下夹层水槽中，以确保漏水被收集在水槽中，漏液侦测传感器安装于水槽中，检测管路漏水状态；应考虑冷冻水管路的冗余和充分隔离。

（4）机械 Tier Ⅳ级别。Tier Ⅳ级别的数据中心空调系统采用多台空调设备集中制冷，来维持重要区域的温湿度控制要求。

设备冗余的方式是允许单台配电盘故障时空调系统仍能满足制冷需求；如果空调系统采用水冷设备如冷冻水系统或冷却水系统，那么在满足设计条件的前提下，尽量采用相同规格的设备，设备冗余的方式是允许单台配电盘故障时空调系统仍能满足制冷需求；这个级别的冗余要求要求空调及其相关设备末端双回路供电；管路系统采用双回路路由，任何管路维护或故障时不会引起空调系统的中断；机房空调电源采用双回路供电，电源来自不同的配电系统；条件允许的情况下，储水池是可以使用的。

4. 数据中心 Tier 认证要求

数据中心 Tier 认证要求包括以下 5 点。

（1）Tier Ⅰ级数据中心要求：为 IT 设备提供服务的单个非冗余配电路径非冗余容量，组件、基础站点基础设施，预计可用性为 99.671%。

（2）Tier Ⅱ级数据中心要求：符合或超过所有 Tier Ⅰ级要求冗余站点基础设施容量组件，预期可用性为 99.741%。

（3）Tier Ⅲ级数据中心要求：符合或超过所有 Tier Ⅱ级要求，为 IT 设备提供多个独立的配电路径。所有 IT 设备必须是双来源供电，并且与站点架构的拓扑完全兼容。可并行维护的站点基础设施，预计可用性为 99.982%。

（4）Tier Ⅳ级数据中心要求：符合或超过所有 Tier Ⅲ级要求，所有冷却设备都是独立双功率的，包括冷却器和加热器，通风和空调（HVAC）系统，容错站点基础设施，具有电力存储和配电设施，预计可用性为 99.995%。

（5）停机时间的差异：正常运行时间是考虑数据中心等级时的一个关键因素。根据实际应用，99.671%、99.741%、99.982% 和 99.995% 之间的正常运行时间差异看似相差不大，但其导致的结果可能是显著的。不停机是一种理想的状态，Tier 各等级允许在一年内不可用的服务时间如下。

Tier Ⅰ级（99.671%）状态允许 1729.224min 或 28.817h；

Tier Ⅱ级（99.741%）状态允许 1361.304min 或 22.688h；

Tier Ⅲ级（99.982%）状态允许 94.608min；

Tier Ⅳ（99.995%）状态允许 26.28min。

5.3.3 TÜV TSI认证

1. TÜV TSI 认证背景

TÜV（Technischer Überwachungs Verein）是德语技术监督协会的缩写。TÜV NORD 集团创立于 1876 年，是德国超过 135 年历史的政府特许第三方公正机构，也是全世界前三大检测认证公司，员工超过 14000 人，服务网络在全球超过 70 个国家拥有 400 个分公司与办事处。TÜViT 为 TÜV Nord 集团成员之一，1990 年创立，专精于信息技术（IT）的检验、测评、审核、验证、培训与咨询服务。对于数据中心验证服务，TÜViT 是目前全球唯一具有第三方独立验证资质的服务机构。德国技术认证监督委员会 DATech 认可其“信息技术质量检测与独立监督”资格，不但证明 TÜViT 在验证工作方面的专业性与独立性，更凸显出第三方机构公正与独立的重要性。TÜV TSI 数据中心等级认证体系分为 L1—L4 四个等级，L4 最高。TÜV 是目前全世界唯一提供全系列信息技术质量确保与信息安全的测试、评鉴和培训的国际级认证机构。

TÜV 标志是德国 TÜV 专为元器件产品定制的一个安全认证标志，在德国和欧洲得到广泛的接受。同时，企业可以在申请 TÜV 标志时，合并申请 CB 证书，由此通过转换而取得其他国家的证书。而且，在产品通过认证后，德国 TÜV 会向前来查询合格元器件供应商的用户推荐这些产品。在整机认证的过程中，凡取得 TÜV 标志的元器件均可免检。

TÜV-CE 认证指的是 TÜV 机构出具的 CE 认证证书，也就是 TÜV 出具的欧盟产品认证证书。以下是 TÜV-CE 认证的详细内容。

2. TÜV-CE 认证的范围

TÜV-CE 认证是指对数据中心场地基础设施的建筑工程检验与评估及 CE 认证，其等级认证的评价范围主要如下。

（1）建筑结构。

（2）电气系统。

（3）暖通系统。

（4）弱电系统。

（5）消防系统。

（6）给排水系统等方面。

3. TÜV-CE 认证的流程

TÜV-CE 认证的流程如下。

（1）客户提供产品说明书、电路原理图。

（2）客户确认报价，回签报价合同并填写申请表。

（3）寄送样品至相关单位。

（4）相关单位对产品进行预测试，包括 LVD 和 EMC。

（5）测试未通过，进入产品整改流程；如产品测试通过，则直接进入下一流程。

（6）TÜV 工程师到现场进行目击测试。

（7）目击测试后，提供测试数据给 TÜV 机构。

（8）TÜV 机构出具测试报告和证书（如 TÜV-MARK、TÜV-GS、菱形 PSE 等需要验厂的认证，发证书前需要先审查工厂，验厂合格后才可出具证书报告。

4. TÜV-CE 认证的目的

确保数据中心基础设施安全可靠运行，避免各种危险对运维人员所造成的人身伤害和财产损失（危险包括电击或触电、温度过高或火灾、机械方面存在的危险、放射性危险、化学性危险）。

5.4　数据中心 CQC 等级认证流程

5.4.1　向有关机构递交认证申请

1. 产品检测

第三方进行测试，出具能源效率检测报告。报告原件要提交给能效标识管理中心审核和备案。

2. 网上注册填写备案信息

添加产品备案相关信息，主要是能效标识所标注的信息。

3. 制作能效标识

业主应按相应产品实施规则的要求制作能效标识。

4. 递交备案所需文本材料

能效标识管理中心收到书面备案材料后，一般在 10 个工作日之内对所收资料进行反馈或要求整改。备案完成后将在中国能效标识网公示，相关信息可按备案号、生产者名称或型号查询。

数据中心建设申请经过电话咨询国家安全科技检测中心，按照要求，公司在申请《国家秘密载体印制资质证书》认证中，要按照《数据中心设计规范》GB 50174—2017 为准则，提交涉密计算机系统数据中心（电子信息系统机房）安全等级报告，即公司的数据中心需要达到《数据中心设计规范》要求中的 C 级。其中数据中心建设涉及以下系统：

（1）机房装修系统。

（2）机房布线系统（网络布线、电话布线、DDN、卫星线路等布线）。

（3）机房屏蔽、防静电系统（屏蔽网、防静电地板等）。

（4）机房防雷接地系统。

（5）机房保安系统（防盗报警、监控、门禁）。

（6）机房环境监控系统。

（7）机房专业空调通风系统。

（8）机房网络设备放置设备（机柜、机架等）。

（9）机房照明及应急照明系统。

（10）机房 UPS 配电系统。

5.4.2 认证流程

根据《数据中心场地基础设施评价技术规范》（CQC 9218—2015），无论是新建数据中心还是在用数据中心，都可以遵照表 5-3 所示流程申请评价认证。

表 5-3 申请评价认证流程

现场见证	序号	流程
现场见证前	1	由业主方提供营业执照（复印件）。测试人员协助业主填写《申请书》（注意数据中心的名字，后期变更很麻烦）；将填写好的《申请书》电子版和营业执照（复印件）电子版发给计量院，申请证书编号
	2	有申请编号后，填写到《申请书》上，并打印《申请书》和营业执照（复印件），在业主确认无误后加盖公章，发给计量院
	3	项目进场前向计量院提交《现场测试计划》，并与计量院见证人员确认测试计划；计量院见证人员会根据《现场测试计划》安排到现场见证，并告知中国质量认证中心（CQC）
	4	收集认证需要的资料
现场见证中	1	见证人员到场后需要组织业主代表、测试现场负责人召开首次会议（需要做会议纪要并填写《现场审核及见证测试会议签到表》）
	2	参观现场
	3	协助见证人员进行认证的资料审核，填写附件《数据中心场地基础设施现场审核记录表》
	4	根据《现场测试计划》进行测试工作，由见证人员现场见证测试过程，见证内容详见附件《现场实验记录表》和附件《现场实验详细记录表》中的实验项目 系统联动测试时见证人员一定要在场见证
	5	现场资料不符合或测试不达标，协调业主进行整改，整改方案一定要先和见证人员进行确认
		整改完成后协助见证人员填写《对数据中心整改的验收意见》
		协助见证人员和业主方填写《不符合项》和《观察项》
	6	协助见证人员填写《数据中心场地基础设施评价报告》
	7	现场见证测试结束后，负责给数据中心产权人办理 CQC 认证手续的公司协调，由见证人员组织业主代表、测试现场负责人召开测试认证末次会议（需要做会议纪要并填写《现场审核及见证测试会议签到表》） 协助见证人员和业主方确定《不符合项》《观察项》《数据中心场地基础设施评价报告》，并由业主代表签字
现场见证后	1	整理需要提交的纸质版和电子版资料清单 根据模版编写《CQC 检测报告》《附件：CQC 检测报告测试数据记录》测试报告，完成后由现场见证人员审核，确认报告的最终版本
	2	最终版本报告需要打印出来，并由主检人、审核人和批准人签字，报告需要加盖公司公章，送至中国计量科学研究院
	3	提交的资料和测试报告经确认后，以邮件方式通知该项目的销售经理（或者商务负责人）可以申请 CQC 证书
	4	报告的电子版、测试过程的资料（测试的照片、测试数据的原始记录表）交由部门助理存档

5.4.3 验证测试资料清单

验证测试资料清单如表 5-4 所示。

表 5-4 验证测试资料清单

图纸、资料类					
编号	内容	类别	预计 / 实际交接时间	是否提供	备注
1	全套施工图纸	电子			盖章版竣工图纸，需包含全部专业，例如电气、暖通、弱电、装修、消防、建筑等
2	防火门产品手册或合格证	电子			需提供甲级防火门手册或合格证，如有采光窗需提供采光窗甲级证明
3	温感、烟感探测器的合格证和检验报告	电子			
4	结构工程 / 加固工程质量竣工验收记录（有设计、监理、施工、 业主四方签署）	电子			
5	建筑防水工程质量竣工验收记录（有设计、监理、施工、业主四方签署）	电子			
6	防雷工程质量竣工记录	电子			第三方防雷检测机构提供，盖章版的验收报告
7	申请书、营业执照	电子			申请书由我方辅助填写，另须提供电子版营业执照，上传后完成认证注册
8	主机房配置呼吸器	电子			提供照片或见证期间现场查看即可
9	供油协议	电子			
报告、记录类					
编号	内容	类别	预计 / 实际交接时间	是否提供	备注
1	当地消防部门出具的建筑工程消防验收意见书或第三方具备效力的检测报告	电子			厂商盖章版开机报告
2	UPS 开机调试报告	电子			厂商盖章版开机报告
3	柴油发电机开机调试报告	电子			厂商盖章版开机报告
4	HVDC 开机调试报告	电子			厂商盖章版开机报告
5	变压器开机调试报告	电子			厂商盖章版开机报告
6	精密列头柜开机调试报告	电子			厂商盖章版开机报告
7	冷水机组开机调试报告	电子			厂商盖章版开机报告
8	精密空调开机调试报告	电子			厂商盖章版开机报告
9	水泵开机调试报告	电子			厂商盖章版开机报告

续表

说明、咨询类					
编号	内容	类别	说明时间		备注
1	数据中心变配电所内中压配电是否为双路物理隔离配置	说明			CQC 1324—2018 规范要求：容错配置的变配电设备应分别布置在不同的物理隔间内
2	BMS 监控系统内是否包含露点温度检测	说明			CQC 1324—2018 规范要求：环境和设备监控系统，空气质量应检测温度、露点、压差
3	数据中心是否配置视频与消防联动系统	说明			CQC 1324—2018 规范要求：火灾报警系统与灭火系统和视频监控系统须进行联动
4	数据中心已投产的机房编号和负荷百分比是否可以提供，方便后期测试机房布置以及认证流程确认	说明			

注：CQC 1324—2018 增强级相当于 GB 50174—2017 的 A 级。

5.4.4 现场审核资料及审核要点

根据《数据中心场地基础设施评价技术规范》（CQC 9218—2015），数据中心场地基础设施等级认证的评价方法由现场审核（收集查看报告，包括验收报告、型式试验报告等）和现场见证测试组成。本文件所涉及的技术要求依据 GB 50174—2017 和 GB/T 2887—2011 的要求制定。

注：凡是与试验有关的报告原则上应有计量认证（CMA）或实验室认可章。

表 5-5 是数据中心 CQC 认证现场审核要点、技术要求及评价方法。

表 5-5 数据中心 CQC 认证现场审核要点、技术要求及评价方法

条款	系统	现场审核要点	技术要求	评价方法
4.1.1	建筑与防火	机房耐火等级	不应低于二级	（1）现场检查设计文件（如涉及图纸需要提供电子版和纸质版的竣工图），查验建筑防火等级要求及建议
				（2）检查当地消防部门对该项目完工后所出具的建设工程消防验收意见书，意见书应明确消防验收合格
				（3）如无上述消防验收意见书，至少能够提供备案资料，如第三方具备效力的检测报告

续表

条款	系统	现场审核要点	技术要求	评价方法
4.1.2	建筑与防火	机房位于其他建筑物内时，在主机房与其他部位之间防火要求	应设置耐火极限不低于2h的隔墙，隔墙上应采用甲级防火门	（1）防火门产品手册或合格证 （2）检查当地消防部门对该项目完工后所出具的建设工程消防验收意见书，意见书应明确消防验收合格 （3）如无上述消防验收意见书，至少能够提供备案资料，如第三方具备效力的检测报告
4.1.3		机房内所有设备的金属外壳、各类金属管道、金属线槽、建筑物金属结构等联结及接地的要求	必须进行等电位联结并接地	（1）对竣工图纸中防雷接地系统图纸进行检查 （2）检查施工过程中的记录 （3）现场抽查机房内设备的金属外壳、各类金属管线及金属结构的等电位联结，抽查比例不低于10% （4）现场测试接地电阻
4.1.4		采用管网式洁净气体灭火系统或者高压细水雾灭火系统的主机房对火灾预警的要求	应同时设置两种火灾探测器，且火灾报警系统应与灭火系统联动	（1）对竣工图纸中的相关设计内容进行检查 （2）现场查验火灾探测器型号、说明书，检查是否有建设工程消防验收意见书或第三方具备效力的检测报告 （3）检查由业主方、第三方确认的关于火灾报警系统与灭火系统的联动测试验证的结果资料
4.1.5		凡设置洁净气体灭火系统的主机房对呼吸器的要求	应配置专用空气呼吸器或氧气呼吸器	查看现场实物
4.1.6		主机房的顶棚、壁板（包括夹芯材料）和隔断对阻燃材料的一般要求	应为不燃体，且不得采用有机复合材料	（1）查看竣工图纸里面对材料的要求 （2）检查当地消防部门对该项目完工后所出具的建设工程消防验收意见书，意见书应明确验收合格 （3）如无上述消防验收意见书，至少能够提供备案资料，如第三方具备效力的检测报告

续表

条款	系统	现场审核要点	技术要求	评价方法
4.2.1	位置及设备布置	数据中心与停车场的距离	不小于 20m	查看地图 / 建筑总平面图
4.2.2		数据中心与铁路或者高速公路的距离	不小于 800m	查看地图 / 规划报告
4.2.3		数据中心与飞机场的距离	不小于 8000m	查看地图 / 规划报告
4.2.4		数据中心与化学工厂危险区域及垃圾填埋场的距离	不小于 400m	查看地图 / 规划报告
4.2.5		数据中心与军火库的距离	不小于 1600m	查看地图 / 规划报告
4.2.6		数据中心与核电站危险区域的距离	不小于 1600m	查看地图 / 规划报告
4.2.7		数据中心周边发生洪水灾害的可能	不设置机房	查看地图 / 环境评价规划报告（防水灾措施）
4.2.8		数据中心周边是否为地震断层或滑坡危险区域	不设置机房	查看地图 / 环境评价规划报告
4.2.9		数据中心周边是否为高犯罪率地区	不设置机房	查看地图 / 规划报告
4.2.10		数据中心内设备运输通道的尺寸	净宽不应小于 1.5m	（1）查看竣工图纸
				（2）现场查看
4.2.11		当需要在机柜侧面维修测试时，机柜与机柜、机柜与墙之间的距离	净宽不应小于 1.2m	（1）查看竣工图纸
				（2）现场查看
4.2.12		成行排列的机柜，其长度超过 6m 时，对机柜的要求	应设有出口通道；当两个出口通道之间的距离超过 15m 时，在两个出口通道之间还应增加出口通道；出口通道的宽度不宜小于 1m，局部可为 0.8m	（1）查看竣工图纸
				（2）现场查看，并拍照
4.3.1	建筑与结构	抗震设防分类等级	增强级（A 级）不低于乙类，标准级（B 级）和基础级（C 级）不低于丙类	（1）查竣工图中抗震设计要求
				（2）查有四方（建设单位、施工单位、设计单位、监理单位）签名的单位（子单位）工程质量竣工验收记录
				（3）如无上述过程记录资料，至少能够提供建设部颁发的验收合格单或相关要求在竣工图纸中有体现说明

续表

条款	系统	现场审核要点	技术要求	评价方法
4.3.2	建筑与结构	主机房活荷载	标准值 8 ～ 10kN/m^2	（1）查竣工图中结构设计要求
				（2）查有四方（建设单位、施工单位、设计单位、监理单位）签名的单位（子单位）工程质量竣工验收记录
				（3）如无上述过程记录资料，至少能够提供建设部颁发的验收合格单或相关信息在竣工图纸中有体现说明
4.3.3		主机房吊挂荷载	标准值 1.2kN/m^2	（1）查竣工图中结构设计要求
				（2）查有四方（建设单位、施工单位、设计单位、监理单位）签名的单位（子单位）工程质量竣工验收记录
				（3）如无上述过程记录资料，至少能够提供建设部颁发的验收合格单或相关要求在竣工图纸中有体现说明
4.3.4		不间断电源系统室活荷载	标准值 8 ～ 10kN/m^2	（1）查竣工图中结构设计要求
				（2）查有四方（建设单位、施工单位、设计单位、监理单位）签名的单位（子单位）工程质量竣工验收记录
				（3）如无上述过程记录资料，至少能够提供建设部颁发的验收合格单或相关信息在竣工图纸中有体现说明
4.3.5		电池室活荷载	标准值 16kN/m^2	（1）查竣工图中结构设计要求
				（2）查有四方（建设单位、施工单位、设计单位、监理单位）签名的单位（子单位）工程质量竣工验收记录
				（3）如无上述过程记录资料，至少能够提供建设部颁发的验收合格单或相关信息在竣工图纸中有体现说明

续表

条款	系统	现场审核要点	技术要求	评价方法
4.3.6	建筑与结构	监控中心活荷载	标准值 6kN/m²	（1）查竣工图中结构设计要求
				（2）查有四方（建设单位、施工单位、设计单位、监理单位）签名的单位（子单位）工程质量竣工验收记录
				（3）如无上述过程记录资料，至少能够提供建设部颁发的验收合格单或在竣工图纸中有体现说明
4.3.7		钢瓶间活荷载（气瓶间）	标准值 8kN/m²	（1）查竣工图中结构设计要求
				（2）查有四方（建设单位、施工单位、设计单位、监理单位）签名的单位（子单位）工程质量竣工验收记录
				（3）如无上述过程记录资料，至少能够提供建设部颁发的验收合格单或在竣工图纸中有体现说明
4.3.8		电磁屏蔽室活荷载	标准值 8 ～ 10kN/m²	（1）查竣工图中结构设计要求
				（2）查有四方（建设单位、施工单位、设计单位、监理单位）签名的单位（子单位）工程质量竣工验收记录
				（3）如无上述过程记录资料，至少能够提供建设部颁发的验收合格单或相关要求在竣工图纸中有体现说明
4.3.9		机房外墙是否设有采光窗	不宜	查竣工图中采光窗
4.3.10		屋面防水等级	增强级（A 级）和标准级（B 级）防水等级为 I 级，基础级（C 级）防水等级为 II 级	（1）查竣工图中防水设计要求
				（2）查有四方（建设单位、施工单位、设计单位、监理单位）签名的单位（子单位）工程质量竣工验收记录
				（3）如无上述过程记录资料，至少能够提供建设部颁发的验收合格单或相关要求在竣工图纸中有体现说明
4.3.11		建筑变形缝的要求	不应穿过机房	（1）查竣工图纸
				（2）检查是否有业主方、第三方确认的核查资料
4.3.12		机房及辅助区的布置要求	不应布置在用水区域的下方，不应与振动和电磁干扰为邻	（1）查竣工图纸
				（2）检查是否有业主方、第三方确认的核查资料

续表

条款	系统	现场审核要点	技术要求	评价方法
4.3.13	建筑与结构	改建及扩建机房的要求		（1）查看竣工图纸的加固设计要求
				（2）查是否有四方（建设单位、施工单位、设计单位、监理单位）签名的单位（子单位）工程质量竣工验收记录
				（3）如无上述过程记录资料，至少能够提供建设部颁发的验收合格单或相关要求在竣工图纸中有体现说明
4.3.14		机房及电池室对设有外窗情况的要求	主机房设有外窗时应采用双层固定	（1）查看竣工图纸中外窗的布置及要求
				（2）检查是否有业主方、第三方确认的核查资料
4.3.15		机房内如设有用水设备时	应采取防止水漫溢和渗漏措施	（1）查看竣工图纸中是否有用水设备，如有是否说明防水漫溢和渗漏措施
				（2）检查是否有业主方、第三方确认的核查资料
4.3.16		门窗、墙壁、顶棚、地面的构造和施工缝隙的要求	均应采取密闭措施	检查是否有业主方、第三方确认的核查资料
4.4.1	环境系统	主机房温度（开机时）	18 ～ 27℃	第三方检测报告及现场见证
4.4.2		主机房相对湿度（开机时）	15 ～ 32℃，相对湿度不大于 60%	第三方检测报告及现场见证
4.4.3		主机房温度（停机时）	15 ～ 32℃	第三方检测报告及现场见证
4.4.4		主机房相对湿度（停机时）	20% ～ 80%，露点温度不大于 17℃	第三方检测报告及现场见证
4.4.5		主机房和辅助区温度变化率（开 / 停机时）	使用磁带驱动时小于 5℃ /h；使用磁盘驱动时＜ 20℃ /h	第三方检测报告及现场见证
4.4.6		辅助区温度 / 相对湿度（开机时）	18 ～ 28 ℃，35% ～ 75%	第三方检测报告及现场见证
4.4.7		辅助区温度 / 相对湿度（停机时）	5 ～ 35℃，20% ～ 80%	第三方检测报告及现场见证
4.4.8		不间断电源系统电池室温度	15 ～ 25℃	第三方检测报告及现场见证
4.4.9		主机房含尘浓度	机房内每升空气中小于等于 0.5μm 的尘粒数小于 18 000 粒	第三方检测报告及现场见证

续表

条款	系统	现场审核要点	技术要求	评价方法
4.4.10	环境系统	主机房和辅助区内照明	标准值 500 lx（进线间、备件库 300 lx）	第三方检测报告及现场见证
4.4.11		噪声	信息系统机房内环境噪声应小于 85dB（A），对于有人值守的主机房和辅助区，电子信息设备停机时，主操作员位置噪声不大于 65dB（A）	第三方检测报告及现场见证
4.4.12		振动加速度	停机时，主机房地板表面垂直及水平振动加速度小于等于 500mm/s	第三方检测报告及现场见证
4.4.13		主机房内无线电干扰场强	在 0.15MHz ～ 1000MHz 内，小于等于 126dB μV/m	第三方检测报告及现场见证
4.4.14		主机房和辅助区内磁场干扰环境场强	小于 800A/m	第三方检测报告及现场见证
4.4.15		对主机房及主机房与其他房间 / 走廊及主机房与室外气压的要求	主机房保持正压，其与室外的静压差不宜小于 10Pa，与走廊或其他房间的静压差不宜小于 5Pa	（1）查看竣工图纸 （2）现场见证测试
4.4.16		主机房和辅助区的地板或地面防静电要求	地板或地面的表面电阻或体积电阻应为 2.5×10^{4} ～ $10.0\times10^{8}\Omega$	第三方检测报告及现场见证
4.5.1	电气系统	稳态电压偏移范围	A 级（增强级）、B 级（标准级）：±3%；C 级（基础级）：±5%	现场见证测试
4.5.2		稳态频率偏移范围	±0.5%	现场见证测试
4.5.3		输出电压波形失真度	小于等于 5%	现场见证测试
4.5.4		零地电压	小于 2	现场见证测试
4.5.5		允许断电持续时间	4ms	性能检查是否有业主方、第三方确认的测试资料
4.5.6		供电电源数量及系统联动	见 CQC 9218—2015《数据中心场地基础设施评价技术规范》的 5.2.1 按 GB 50174—2017《数据中心设计规范》的要求，供电电源在 A 级及 B 级标准中的要求为两个电源供电，两个电源不应同时受到损坏	（1）单电源的性能检查是否有业主方、第三方确认的测试资料 （2）系统联动现场见证测试，具体测试方法见 CQC 9218—2015《数据中心场地基础设施评价技术规范》的 5.2.2

续表

条款	系统	现场审核要点	技术要求	评价方法
4.5.7	电气系统	变压器及系统联动	见 CQC 9218—2015《数据中心场地基础设施评价技术规范》的 5.2.1	（1）单变压器的性能检查是否有业主方、第三方确认的测试资料 （2）系统联动现场见证测试，具体测试方法见 CQC 9218—2015《数据中心场地基础设施评价技术规范》的 5.2.2
4.5.8		后备柴油发电机及系统联动	见 CQC 9218—2015《数据中心场地基础设施评价技术规范》的 5.2.1	（1）单柴油发电机的性能检查是否有业主方、第三方确认的测试资料 （2）系统联动现场见证测试，具体测试方法见 CQC 9218—2015《数据中心场地基础设施评价技术规范》的 5.2.2
4.5.9		后备柴油发电机的基本容量	见 CQC 9218—2015《数据中心场地基础设施评价技术规范》的 5.2.1	（1）检查是否有业主方、第三方确认的核查资料和测试报告 （2）记录并核查后备柴油发电机的基本容量和不间断电源系统的基本容量、空调和制冷设备的基本容量、应急照明和消防等涉及生命安全的负荷容量
4.5.10		柴油发电机燃料储存量	标准级（B 级）为 24h，增强级（C 级）为 72h	检查是否有业主方、第三方确认的核查资料，或提供的紧急供油协议中能证明燃油存储量大于供油时间相关内容
4.5.11		不间断电源系统配置及系统联动	见 CQC 9218—2015《数据中心场地基础设施评价技术规范》的 5.2.1	（1）单不间断电源的性能检查是否有业主方、第三方确认的资料 （2）系统联动现场见证测试，具体测试方法见 CQC 9218—2015《数据中心场地基础设施评价技术规范》的 5.2.2
4.5.12		柴油发电机作为后备电源时不间断电源系统电池备用时间	标准级（B 级）和增强级（A 级）为 15min	检查是否有业主方、第三方确认的测试资料

续表

条款	系统	现场审核要点	技术要求	评价方法
4.5.13	电气系统	空调系统配电：增强级（相当于GB 50174—2017中的A级）要求为双路电源（其中至一路为应急电源），末端切换。采用放射式配电系统；标准级（相当于GB 50174—2017中的B级）要求为双路电源，末端切换。采用放射式配电系统	见CQC 9218—2015《数据中心场地基础设施评价技术规范》的5.2.1	（1）检查是否有业主方、第三方确认的测试资料 （2）系统联动时现场见证测试
4.5.14		不间断电源系统输入端THDI含量	第3～39次谐波的含量小于15%	现场见证测试
4.5.15		电子信息设备对不间断电源系统供电的要求	不间断电源系统应有自动和手动旁路装置	检查是否有业主方、第三方确认的测试资料
4.5.16		用于电子信息系统机房内的动力设备与电子信息设备的不间断电源系统的要求	应由不同的回路配电	
4.5.17		对电子信息设备电源连接点与其他设备电源连接点的要求	应与其他设备电源连接点严格区别，并应有明显标识	
4.5.18		并列运行的发电机	应具备自动和手动并网功能	
4.5.19		市电与柴油发电机的切换开关	应采用具有旁路功能的自动转换开关。自动转换开关检修时，不应影响电源的切换	（1）检查是否有业主方、第三方确认的测试资料 （2）系统联动需现场见证测试，见CQC 9218—2015《数据中心场地基础设施评价技术规范》的5.2.2
4.5.20		电子信息系统机房的防雷和接地设计	应满足人身安全及电子信息系统正常运行的要求。应符合国家标准《建筑物防雷设计规范》GB 50057和《建筑物电子信息系统防雷技术规范》GB 50343的有关规定	（1）查看竣工图纸 （2）第三方的防雷验收合格证

续表

条款	系统	现场审核要点	技术要求	评价方法
4.5.21	电气系统	等电位联结线和网格的要求（等电位连接部分）	应采用截面积不小于 $25mm^2$ 的铜带或裸铜线，并应在防静电活动地板下构成边长为（0.6 ～ 3）m 的矩形网格	
4.6.1	空气调节系统	对主机房和辅助区的要求	机房及辅助区应设置空调系统	查看竣工图纸（空调）
4.6.2		不间断电源系统室及电池室要求	宜设置空调降温系统	（1）查看竣工图纸（空调） （2）检查是否有业主方、第三方确认的核查资料
4.6.3		机房专用空调	主机房及辅助区应设备空气调节系统，测试见 CQC 9218—2015《数据中心场地基础设施评价技术规范》的 5.3.1	（1）查看竣工图纸（空调设计说明等） （2）现场见证测试
			冷冻机组、冷冻和冷却水泵、机房专用空调的冗余要求，测试见 CQC 9218—2015《数据中心场地基础设施评价技术规范》的 5.3.1	（1）查看竣工图纸（空调设计说明等） （2）现场见证测试
4.6.4		机房是否设有采暖散热器	不宜采用	（1）查看竣工图纸（空调设计说明、平面图等） （2）现场查看
4.7.1	布线	信息业务的传输介质	光缆或 6 类以上对绞电缆，采用 1+1 冗余	检查是否有业主方、第三方确认的测试资料
4.7.2		主机房信息点配置	不少于 12 个信息点，其中冗余信息点为总信息点的 1/2	检查是否有业主方、第三方确认的测试资料
4.7.3		支持区信息点配置	不少于 4 个信息点	检查是否有业主方、第三方确认的测试资料
4.7.4		电子信息系统机房的网络布线系统设计	除符合本规范外，应符合 GB 50311《综合布线系统工程设计规范》的规定	检查是否有业主方、第三方确认的测试资料
4.7.5		线缆标识系统对标签的要求	应在线缆两端打上	检查是否有业主方、第三方确认的测试资料
4.7.6		通信电缆防火等级	采用 CMP 级电缆，OFNP 或 OFCP 级光缆	检查是否有业主方、第三方确认的测试资料
4.7.7		公用电信配线网络接口的要求	2 个以上	检查是否有业主方、第三方确认的测试资料

续表

条款	系统	现场审核要点	技术要求	评价方法
4.8	环境和设备监控系统	环境和设备监控系统要求	应建立环境和设备监控系统，环境和设备监控系统至少应包含空气质量与漏水检测报警、强制排水设备、集中空调和新风系统、机房专用空调、电池、柴油发电机组、根据需要监控供配电质量和不间断电源系统	现场核查